# L'EXCELLENCE TECHNOLOGIQUE

W0280844

JACQUES MORIN

# L'EXCELLENCE TECHNOLOGIQUE

Préface de Pierre AIGRAIN
Avant-propos de Silvère SEURAT

« Perspective 2001 »

*Collection dirigée par Jean-C. Texier*

Publi-Union
17, avenue Niel
75017 PARIS
Tél. : (1) 227.89.20

Éditions Jean Picollec
47, rue Auguste-Lançon
75013 PARIS
Tél. : (1) 589.73.04

Collection « Perspective 2001 »
dirigée par Jean-C. Texier

Jean-Pierre Bouyssonnie :
*Au cœur de la bataille électronique.*

Daniel Morgaine :
*L'un d'entre eux.*

Daniel Jouve :
*Votre carrière : conseils pour la piloter.*
(3e édition ; repris en poche par les éditions Marabout.)

Henry Bourgoin :
*L'Afrique malade du management.*

Georges Pierret :
*Vivre l'Europe... autrement. Les régions entrent en scène.*

© 1985
Coficom
3, rue de l'Arrivée
75015 Paris Cedex 15
Tél. : (1) 538.93.95
ISBN 2-86477-062-8
ISSN 0757-1852

Ce livre est le fruit d'une expérience professionnelle vécue sur le terrain de l'entreprise et fortifiée par la richesse de mes échanges, au sein d'Eurequip et de GMV Conseil, avec tous ceux qui se sont donné pour vocation d'aider les entreprises à mieux maîtriser leur évolution.

A cet égard, je tiens, avec une attention particulière, à remercier de leur contribution Pierre de Boisanger, Marc Delteil, Jean-Pierre Guth, Bernard Malcor et Jean-Jacques Saint-André.

Mais aussi José Marie Bordonaba, Franck Bouilhol, Jean-Pierre Bournat, Yves Rajaud, Jean Rayer et Philippe Crance.

J'exprime aussi ma gratitude à Jean Gall, dont les encouragements et l'assistance soutenue m'ont été précieux pour rassembler et ordonner ces quelques réflexions.

Ma reconnaissance va enfin à Silvère Seurat et à Christian Beullac, sans lesquels les réflexions proposées dans ce livre n'auraient pu prendre corps.

J.M.

# TABLE DES MATIÈRES

# TABLE DES COMPLÉMENTS

# TABLE DES ILLUSTRATIONS

(réalisées par Dominique Cornière)

# *PRÉFACE*

*L'un des phénomènes les plus marquants de ce dernier quart de siècle est, sans conteste, la part croissante des dépenses de Recherche et Développement (R et D) dans le budget des entreprises. Bien des facteurs y ont contribué : la mondialisation de la compétition industrielle, la valeur d'exemple que représentait le succès des entreprises les plus actives en R et D, voire, en période de crise, la décroissance — ou la disparition — des entreprises qui n'avaient pas compris la leçon, avec une augmentation automatique de la part des autres.*

*Il ne faut donc pas s'étonner que, dans le courant des dix dernières années, de nombreux ouvrages aient été consacrés à tel ou tel aspect de ce qu'il faut bien appeler une nouvelle discipline : la gestion technologique de l'entreprise. La plupart de ces ouvrages ne traitaient cependant que d'un aspect ou un autre du problème : allocation des ressources, gestion d'un laboratoire de recherche, politique de propriété industrielle, etc. Ces ouvrages ont apporté beaucoup à ceux qui, dans leur entreprise, avaient à prendre, souvent au jour le jour, des décisions difficiles.*

*Le grand mérite de l'ouvrage de Jacques Morin est qu'il est un des rares — peut-être le seul — qui aborde et traite à fond l'ensemble des problèmes. Et il fait d'emblée ressortir ce point essentiel : la politique technologique d'une entreprise ne peut se réduire à la gestion de la R et D qu'elle poursuit, ni d'ailleurs en être disjointe. La politique technologique est aussi importante aujourd'hui, comme facteur déterminant de succès ou d'échec, que la politique financière, industrielle, commerciale. Il ne servirait à rien, d'ailleurs, de prétendre déterminer — comment ? — les pourcentages des apports relatifs de ces différents facteurs dans le succès éventuel : ils sont* tous *de 100 %. Car l'insuffisance d'un seul de ces facteurs suffit à garantir l'échec à terme.*

*C'est donc à l'échelon le plus élevé — celui même du président — que la stratégie technologique doit s'inscrire dans la stratégie tout court.*

*Le but de cette stratégie technologique doit être clairement de mettre, malgré les aléas du marché et de la concurrence, l'entreprise en mesure de soutenir le « combat pour la vie » avec le maximum de chances de succès. Sa recherche interne y contribue, bien sûr. Elle est — et c'est le point de vue traditionnel — la source des innovations originales, celles qui mettront l'entreprise en position d'attaquant. Et, en matière de stratégie industrielle comme de stratégie militaire, une politique purement défensive conduit, à terme plus ou moins long, à la défaite. Mais, et c'est là aussi un des mérites de l'ouvrage de Jacques Morin que de le faire clairement ressortir, une stratégie basée exclusivement sur la recherche interne met l'entreprise à la merci des découvertes des autres — tous les autres, et ils sont fort nombreux. La capacité à aborder rapidement une découverte ou un progrès technologique venu d'ailleurs, souvent même de l'étranger, le cas échéant en acquérant la licence du produit ou du procédé, est un des buts que doit atteindre toute politique technologique d'entreprise. Cela implique une grande réceptivité aux idées des autres (refus du complexe « pas inventé par nous »), la poursuite de contacts extérieurs mais aussi, et c'est moins évident, beaucoup d'effort de recherche interne. Recherche dont la finalité n'est pas la même que celle que poursuivent traditionnellement les laboratoires d'entreprise, puisque le but poursuivi est de maintenir un niveau de compétence élevé sur un champ assez large, plutôt que de préparer le développement de produits ou de procédés dans quelques domaines plus étroits.*

*De tels efforts sont parfois difficiles à défendre auprès des instances « financières » de l'entreprise, puisque leur productivité est diffuse, à long terme, et que chacun n'apprécie pas que pour importer utilement du savoir il faut en avoir beaucoup soi-même.*

*Bien d'autres aspects du Management des Ressources Technologiques des entreprises sont, toujours avec bon sens et compétence, analysés par Jacques Morin dans cet ouvrage qui devrait être le livre de chevet non seulement des responsables techniques, mais aussi de tous les dirigeants d'entreprises à vocation technique, les seules qui subsisteront dans quelques décennies.*

Pierre AINGRAIN,
*ancien secrétaire d'État*
*auprès du premier ministre,*
*chargé de la Recherche.*

## *AVANT-PROPOS*

*A la fin du siècle dernier, la science a traversé une période de certitude conduisant en 1887 Marcellin Berthelot à déclarer: « L'univers est désormais sans mystère ».*

*Il n'est pas exagéré de constater que la pratique de la direction, du management des entreprises, a connu une période analogue de reconnaissance d'un modèle et de certitude quant à sa perfection; nous ne ferons sans doute pas d'erreur grossière en fixant à une dizaine d'années, 1945-1955, la durée de vie de ce mythe rassurant.*

*Il prend naissance à l'issue du conflit mondial: l'efficacité industrielle des États-Unis vient de s'imposer au monde, aussi bien dans la conception de nouvelles machines de guerre que dans leur fabrication. Et c'est tout naturellement que les autres pays industriels reconnaissent en ce pays le lieu saint du management et y organisent de multiples pèlerinages, afin que leur soit révélé le secret des entreprises à haute productivité.*

*Le temps de la certitude n'a en fait, pour la science comme pour le management, duré qu'un temps.*

*Et depuis l'aube des années 50 l'interrogation n'a pas cessé de s'amplifier à propos de l'entreprise et de la réponse plus ou moins efficace qu'elle propose aux défis de notre époque.*

*Cette interrogation a suivi divers chemins, parmi lesquels se distinguent deux grandes orientations.*

*L'une, d'analyse, se concentre sur une des ressources de l'entreprise, retrouvant en l'adaptant, en l'enrichissant, la voie rigou-*

*reuse ouverte par les comptables à propos des ressources financières.*

*Parmi ces ressources, l'homme se voit le premier bénéficier d'un traitement privilégié, notamment par MacGregor aux États-Unis et par Michel Crozier en France. On ne cessera à vrai dire, au cours des trente dernières années, de découvrir l'extraordinaire richesse de la ressource humaine, tout aussi capable d'engendrer un changement que de s'y opposer.*

*Plus récemment, l'information, omniprésente dans la mémoire de l'homme et dans le dessin de ses artefacts, se voit reconnue comme une ressource à part entière. Cela, très curieusement, non par ses progrès propres, mais plutôt par celui des machines qui s'en nourrissent pour la surgénérer.*

*L'autre orientation, de synthèse, reconnaît en l'entreprise un système global et complexe, associant et entremêlant ses diverses ressources. Ce système fera alors l'objet d'interrogations quant à la maîtrise de son avenir, autour des travaux sur la stratégie du précurseur H.I. Ansoff, et plus récemment quant à sa culture et à ses comportements d'ouverture, de réaction, voire de blocage.*

*L'ouvrage de Jacques Morin se situe par son objet même, la ressource technologique, dans la première orientation. L'auteur nous invite, dans la première partie du livre, à un double constat : celui de l'importance de cette ressource d'une part, celui de sa balkanisation et de sa vassalisation d'autre part.*

*La deuxième partie confirme cette orientation vers l'étude de la ressource technologique, et plus généralement vers le Management des Ressources Technologiques (le MRT).*

*Jacques Morin nous invite à parcourir avec lui l'entreprise pour y distinguer et en extirper, afin de les mieux manager, ces richesses insoupçonnées. Car, observe-t-il, « le regard classique jeté sur l'actif de l'entreprise ne permet pas d'en dénombrer les ressources technologiques » !*

*Ces ressources, il les découvre enrobant chaque homme de l'entreprise, chaque équipe, il les découvre également dans les produits, dans les procédés et souvent aussi dans le dédale poussiéreux d'archives définitivement classées.*

*Ayant mis en évidence leur importance et leur réalité, Jacques Morin nous propose de prendre conscience du patrimoine qu'elles constituent et d'avoir à l'égard de ce trésor insoupçonné, clef du destin de l'entreprise, une attitude à la fois prudente de ménagement et audacieuse de management.*

*Six fonctions sont alors proposées, détaillées dans leur démarche, générales dans leur application : inventaire, évaluation, optimisation, enrichissement, surveillance, sauvegarde.*

*Afin que chacune de ces six fonctions soit remplie de manière satisfaisante, divers outils graphiques sont présentés, plus particulièrement dans les compléments. Il est permis de penser, et de souhaiter, que certains de ces outils acquièrent dans l'entreprise la même universalité que les outils comptables.*

*L'ouvrage pourrait se terminer avec cette analyse. Mais ce serait mal connaître l'auteur qu'imaginer qu'il puisse se limiter à cette seule phase.*

*Tel le chirurgien ayant patiemment isolé, mis en évidence pour mieux la traiter, une partie d'un être vivant, il va tout naturellement la remettre à sa place dans ce même être, auquel il sera permis de vivre plus complètement.*

*C'est ainsi que, tout au long de la troisième partie, l'auteur, après s'être livré à la minutie de l'analyse, s'élève au globalisme de la synthèse, jetant un pont entre les deux grandes orientations que nous avons distinguées dans le début de cet avant-propos.*

*Il nous invite alors à une remise en situation de la ressource technologique, à son insertion en sa juste place, en tout lieu et en l'ensemble du système de l'entreprise.*

*La technologie s'unit au marketing, dont elle devient inséparable, l'un et l'autre entraînant chaque homme de l'entreprise vers une ouverture permanente sur le riche kaléidoscope que constitue son environnement.*

*Diverses évolutions concomitantes, diverses co-évolutions, apparaissent alors, imposant un même parcours au triptyque marché-technologies-hommes.*

*Sans que le lecteur y prenne garde, le Management des Ressources Technologiques s'impose à lui, en conclusion, comme le vecteur le plus efficace d'intégration des structures, d'évolution des comportements et de changement des cultures ; en bref, comme le chemin le plus court d'édification de l'*entreprise stratège.

Silvère SEURAT,
*Président du Groupe Euréquip.*

« Désigne, par une loi expresse, au blâme public le propriétaire d'un champ qui le cultive mal et qui le laisse en friche. »

PYTHAGORE.

# INTRODUCTION

Confrontés depuis une bonne dizaine d'années à un environnement turbulent, les chefs d'entreprise ont appris, parfois à leurs dépens, souvent avec succès, que le développement, voire la survie de leur entreprise, reposent moins sur la rigueur de leur planification que sur l'excellence dans l'exercice de leur métier.

Ils en font volontiers la confidence, et plusieurs livres[1] ou articles ont été consacrés à cette nécessité et à cette vertu de l'excellence*.

Reste à donner à ce mot un contenu qui ne soit point trop éclaté : chacun excelle dans quelque chose, mais exceller dans son métier signifie certainement maîtriser les technologies qui le caractérisent.

*

* *

Qu'est-ce que la technologie ? Les technologies ?

Sans être expert en sémantique, il nous faut définir le sens des mots et indiquer avec précision de quoi nous parlons. Tous les lexicologues, en effet, éprouvent une difficulté avouée à nuancer ce qui différencie une tech-

* Les numéros renvoient à la table des références, en fin d'ouvrage.

nique d'une technologie. Certains évacuent le problème en déclarant qu'il s'agit bel et bien de la même chose, et que seule la mode du franglais explique l'existence de deux termes dans les dictionnaires.

Malheureusement, les Anglo-Saxons utilisent eux aussi les deux mots : *technique* et *technology*.

Plus habile, la distinction qui se fonde sur l'étymologie et ne voit dans la technologie que le discours (logos) sur les techniques. Mais comment alors parler de technologies ?

Le mot *technologie* a fait son apparition dans la langue – au XVII^e siècle, sauf erreur – lorsqu'il s'avéra nécessaire de différencier les procédés transmis (par exemple ceux de l'artisanat, dont le savoir reposait sur une tradition et se communiquait de père en fils ou de maître à apprenti), des procédés découverts. Ainsi entraient timidement en scène les valeurs de recherche et d'innovation sur lesquelles se fondent les technologies modernes.

Le développement d'une société scientifique, l'exigence de rationalité qui caractérisent le monde industriel depuis plus d'un siècle, exacerbent le contenu du mot *technologie* en même temps qu'ils en encouragent l'usage.

Pour simplifier le langage, nous pouvons considérer aujourd'hui qu'un certain nombre de connaissances, de procédés, de méthodes appartiennent à la communauté universelle. Ce sont les « techniques de l'ingénieur ». Puis, du fait d'une recherche, d'une réflexion, voire de circonstances hasardeuses, quelqu'un s'empare de ce savoir et en tire un savoir-faire particulier. A ce point de passage, la technique bascule dans la technologie. Et ce qui était du domaine public, une technique, débouche sur un procédé novateur ou sur un savoir-faire spécifique. En sens inverse, le caractère inventif d'une technologie se disperse plus ou moins vite dans un environnement en constant progrès. La machine à vapeur était en

1850 une formidable technologie. Elle n'est plus aujourd'hui qu'une technique banalisée.

D'un certain point de vue, la technique fait partie de la culture générale ; la technologie appartient à la culture propre d'un métier ou d'une entreprise pour laquelle elle peut se définir comme l'art particulier de mettre en œuvre les techniques pour réaliser ses objectifs. Or, si le savoir technique pose peu de problèmes d'acquisition et de transmission (étant du domaine public, son accès est aisé par définition), le savoir technologique, à l'inverse, qu'on veuille l'acquérir ou le conquérir, exige des efforts, des investissements, une mobilisation matérielle et humaine. Bref, un management.

Et cela s'applique aussi bien aux activités industrielles qu'aux entreprises du secteur tertiaire, et, par extension, aux services « fonctionnels » d'une entreprise industrielle : entre deux entreprises qui mettent en œuvre les mêmes technologies de fabrication pour développer les mêmes produits, celle qui fera appel aux meilleures technologies de management ou de commercialisation disposera probablement d'un avantage compétitif.

**En définitive, dans la suite de cet ouvrage, nous entendons par technologie l'art de mettre en œuvre, dans un contexte local et pour un but précis, toutes les sciences, techniques et règles fondamentales qui entrent aussi bien dans la conception des produits que dans les procédés de fabrication, les méthodes de gestion ou les systèmes d'information de l'entreprise.**

On ne trouvera pas ici de nomenclature, même sélective, des technologies. Elle serait fastidieuse, puisque aussi bien celles-ci innervent la totalité des activités économiques ; elle s'imposerait peut-être dans un traité, mais serait hors de propos dans une réflexion sur leur management. En outre, ce classement intéresse assez peu le stratège qui, dans sa quête d'avantages concurrentiels, doit apporter des réponses à un ensemble de questions qu'il se pose ou qu'il devrait se poser, concernant par exemple l'influence du progrès technologique sur l'évolution du marché, le degré de vieillissement des technologies utilisées, l'impact des nouvelles technologies sur la compétitivité future, les structures et les hommes.

# PREMIÈRE PARTIE

## *Une problématique désormais incontournable*

# CHAPITRE I

## *L'environnement*

Au cours de vingt années de croissance régulière, caractérisées par un progrès généralisé et tranquille reflétant le souci dominant de tirer progressivement parti des gigantesques sauts techniques et scientifiques de la dernière guerre, la planification stratégique, issue de l'expérience militaire, se développa dans les entreprises et y prit peu à peu une place prépondérante.

Depuis près d'une décennie, une page se tourne.

Lorsque survint la première crise pétrolière, à la fin de 1973, les aiguilles s'agitèrent sur tous les cadrans de l'économie mondiale et affichèrent des données souvent inattendues. La machine économique faisait preuve de dysfonctionnements – ainsi la stagflation –, avec lesquels il fallait désormais vivre et auxquels il fallait survivre. Une rupture s'était produite, dont les effets ont été plus ou moins vite perçus, plus ou moins bien analysés. Au premier rang s'inscrivait, bien sûr, le ralentissement de la croissance, et également l'apparition d'un type nouveau de concurrence, celle des pays récemment industrialisés ; enfin (surtout ?), l'irruption brutale, envahissante, de technologies nouvelles à multiples visages – l'informatique, les matériaux composites, les biotechnologies – bouleversait l'horizon traditionnel du monde industriel et de la société dans son ensemble.

Les entreprises ont, depuis lors, été confrontées à un environnement déstabilisé, imprévu, hostile, siège de turbulences nombreuses. Elles ont dû, ou doivent, réviser leurs modes de gestion, inventer des stratégies novatrices.

Rarement la « planification » stratégique, dont le but est précisément de déterminer les directions dans lesquelles doit s'engager l'entreprise compte tenu de la concurrence actuelle et future, avait été si difficile. Reste-t-elle utile, possible ? Certains en doutent, du moins si elle devait se figer dans sa forme acquise au cours de la dernière décennie, à tel point que le terme apparaît comme dépassé et que beaucoup évitent de l'utiliser...

## La guérilla quotidienne a pris la place de la guerre de mouvement

Au temps de la croissance, pour prendre une image simpliste, le gâteau économique augmentait régulièrement : il suffisait d'abord de gagner sa place parmi les convives, ensuite de la tenir convenablement, pour recevoir sa part de croissance le moment venu. Aujourd'hui, le gâteau ne grandit plus, ou plus suffisamment : seuls les plus combatifs, les plus compétitifs, peuvent prétendre participer au banquet jusqu'au dessert ; les autres disparaissent avant.

En termes d'entreprise, cela doit se traduire par une mutation totale des démarches stratégiques.

Il ne suffit plus de se placer sur un créneau porteur, de pratiquer un marketing efficace ; il faut être en tous points le combattant le plus âpre, doté des armes les plus performantes, pour compter au nombre des élus d'une demande plus limitée.

Il ne suffit plus de « faire du surf » sur une des vagues de la croissance et se laisser porter par elle ou, plus tranquillement, se laisser pousser en pilotage quasi automatique par les alizés.

Lorsque s'apaisent les grands vents porteurs et qu'apparaissent les turbulences, il faut une navigation beaucoup plus attentive, beaucoup plus fine. C'est dire que les entreprises ne peuvent plus guère se permettre d'erreur, si minime soit-elle, dans la conduite de leur stratégie. Pour faire face aux menaces de nouveaux défis et de concurrents plus agressifs, pour progresser avec succès parmi les écueils et les remous, elles doivent veiller au renouvellement permanent de leurs propres avantages concurrentiels, et, plus que jamais, prévoir, anticiper, s'adapter, et, à cet effet, mobiliser toutes les ressources de leur équipage : ressources commerciales et ressources humaines bien évidemment, mais aussi, et de plus en plus, ressources technologiques ; car plus que jamais c'est en elles que l'entreprise, en les associant aux précédentes, trouvera les clefs de la compétitivité par les coûts, les performances et la qualité, ainsi que l'accès aux marchés inconnus de demain.

En outre, tout en ravivant, et à quel prix aujourd'hui, le grave débat sur le coût social immédiat de la productivité (licenciements), gage de la prospérité future, les technologies sont seules à pouvoir lui apporter aussi une contribution positive.

Car, sauf à alimenter la cohorte des chômeurs ou des pré-retraités, où l'entreprise peut-elle trouver une nouvelle structure d'accueil pour ses gains de productivité, sinon dans la diversification vers de nouveaux produits et marchés ? Comment, sinon par une meilleure exploitation de ses propres technologies ou de celles auxquelles elle pourra accéder grâce aux progrès scientifiques et techniques ?

Enfin, comme le révèlent bien les périodes de moindre croissance, le développement technologique constitue un facteur de dynamisation interne de l'entreprise. En effet, la croissance ne se décrète pas. Elle est une force endogène : comme un gaz comprimé exerce une pression sur toutes les parois du récipient dans lequel il est logé, le besoin qu'ont nombre des acteurs de l'entreprise de se surpasser, d'étendre leur domaine d'activité, leur zone d'autonomie et de responsabilité, donc leur pouvoir, le besoin de l'ingénieur qui pousse à l'investissement de modernisation de son usine, celui du vendeur qui cherche à accroître le portefeuille de sa clientèle, celui des jeunes, qui, plus nombreux à la base, cherchent à occuper les postes, moins nombreux, des niveaux élevés de la pyramide, ce besoin pousse l'entreprise vers la croissance.

Alors, lorsque les circonstances ne permettent plus d'absorber ces forces internes d'expansion, faut-il tenter de les apaiser, au risque de décourager les ambitions, de susciter des malaises, parfois des conflits, de voir partir ses meilleurs collaborateurs ? Ou ne faut-il pas plutôt chercher à ouvrir de nouveaux champs d'action à ces cadres avides de responsabilités, à canaliser leur désir d'entreprendre en leur proposant de nouvelles compétitions, autres que celles, désormais difficiles, de la conquête de nouvelles parts de marché ? La nécessité de réussir la mutation technologique ne leur offre-t-elle pas aujourd'hui les challenges les plus forts et les plus variés ? Après le défi de conquérir de nouvelles parts de marché, ne doit-on pas relever cet autre défi qui est de mieux maîtriser les technologies, nouvelles ou non, pour créer de nouvelles richesses ?

Avec le ralentissement de la croissance et la fin de la guerre de mouvement, des compétences et des énergies se trouvent disponibles. La guérilla quotidienne qui lui succède multiplie les occasions de réemploi, car elle exige de faire appel à tous les talents, même aux moins prévisibles ; obligée à de permanentes réactions/préactions, l'entreprise doit imaginer des fonctions nouvelles, des interventions plus souvent spontanées que planifiées, qui sont autant d'opportunités pour mobiliser les capacités de tous, et maintenir les dynamismes en offrant de nouveaux challenges.

### Les concurrents venus d'ailleurs

L'accession au développement industriel d'un certain nombre de pays nouveaux a constitué un phénomène majeur de la décennie 1970-1980. Le Japon, le Brésil, la Corée du Sud, Taiwan, Singapour, Hong Kong, les Indes, peut-être le Mexique, bientôt la Chine avec ses quatorze projets de technopoles (zones économiques spéciales de Schen Zhen, Zhu Hai, etc.)[2] se sont dotés ou se dotent d'industries qui, progressivement, constituent des concurrents, redoutables à terme. Pour dissemblables que soient leurs évolutions, ces pays ont un point commun : leur capacité à mettre en œuvre, puis à développer, des technologies nouvellement acquises.

Capacité affirmée chez certains, comme le Japon ; plus récente chez beaucoup d'autres. Dans ce domaine de la technologie, l'exemple du Japon devient banal, irritant même. Et pourtant, s'agissant de technologie, on ne réfléchira jamais assez sur les causes profondes du développement japonais, non pour imiter, mais pour en tirer quelque enseignement, car voici un pays deux fois moins vaste que la France, deux fois moins peuplé que les États-Unis, dépourvu de toute ressource énergétique, qui inonde le monde de ses produits, et s'est bâti une situation dominante dans des secteurs entiers de l'économie (l'automobile), voire de quasi-monopole dans d'autres (électronique appliquée).

De quoi est donc constitué le socle sur lequel repose ce « miracle nippon » qui a inspiré tant de pages admiratives et suscite tellement d'envie ? A notre avis, pour l'essentiel, sur une capacité permanente, et généralisée, d'organiser et de partager la connaissance ; les Japonais exploitent à fond tous les savoirs, les leurs et ceux des autres, et savent les diffuser entre tous les membres de leur communauté.

Moralement, politiquement et industriellement, les Japonais se trouvaient en 1945 confrontés à la crise la plus grave sans doute de leur histoire. Soucieux d'accéder aux ressources naturelles qui leur font défaut, ils se sont lancés dans une vaste offensive exportatrice.

Leur génie fut alors de renouer plus vigoureusement que jamais avec l'attitude qu'ils avaient acquise depuis l'époque Meiji (milieu du XIXe siècle), où, après deux cents ans de repliement, le pays s'était « ouvert », au sens littéral du terme, au monde occidental : ils ont mis au service de tous leurs qualités traditionnelles (discipline, conscience professionnelle, sens de l'effort collectif) et surtout une extrême soif de découverte. Ils ont tout regardé, tout enregistré, tout appris, tout copié, puis, après cette première étape, la moins inventive, ils ont adapté, et envahi le monde avec des produits bon marché, peu originaux, fabriqués en très grandes séries dans des matériaux vulgaires. C'était l'époque où « *made in Japan* » signifiait « *made* à-la-va-vite » et évoquait les gadgets, le plastique, l'éphémère, l'« ersatz ». Les pays industrialisés s'inquiétaient peu : ils avaient le monopole de la qualité et de la création.

Mais les Japonais eurent vite compris que cette qualité et cette originalité qui leur manquaient pouvaient compromettre leurs succès et mettre leur survie en cause. D'où cette mobilisation générale pour la qualité totale dont nos efforts ne sont qu'un pâle reflet. Puis à leur soif d'apprendre s'ajouta un souci de transparence technologique : ne rien garder pour soi, car mieux on partage un savoir grandissant entre les membres d'une communauté, plus on multiplie les sources et les chances d'innovation et de dynamisme au bénéfice de tous. Ainsi les Japonais sont-ils devenus progressivement des innovateurs, sinon peut-être des inventeurs, en grande partie grâce à cette religion de l'information, à ce culte de l'échange. Ce n'est pas un hasard s'ils déposent à eux seuls plus de brevets que tous les Européens réunis : nous y reviendrons dans cet ouvrage.

Mais alors, si le défi des nouveaux concurrents est ce double défi de l'information et de la technologie, comment les pays de longue tradition industrielle le relèveraient-ils autrement que par une mobilisation plus organisée de leurs propres ressources technologiques et de leurs capacités d'innovation ?

## La turbulence technologique

L'homme n'atteint pas d'un seul élan les sommets de la civilisation industrielle ; il y accède par paliers, module la vitesse de son ascension selon les difficultés rencontrées, prend le temps d'assimiler ses propres découvertes, et, brusquement, franchit des obstacles qualifiés d'« insurmontables », pour stagner ensuite sans raison apparente. Ainsi certaines époques apparaissent-elles plus fécondes en découvertes et en idées nouvelles, plus imaginatives : les innovations se multiplient, des mutations s'opèrent alors. Un historien des technologies pourrait inventorier et décrire ces périodes, depuis la conquête du feu jusqu'à l'invention de la roue, de la machine à vapeur, des métiers, de l'énergie nucléaire, la conquête de l'espace, la micro-électronique et les bio-technologies.

Nous vivons actuellement une de ces périodes de grande turbulence technologique. Quantitativement, l'homme a rarement innové autant, effectué des progrès en aussi grand nombre qu'aujourd'hui.

Mais voici qui est plus important : les caractéristiques des innovations technologiques contemporaines sont telles que jamais sans doute le progrès n'avait eu une portée aussi universelle.

Car les technologies nouvelles, à la différence de la plupart des technologies traditionnelles, sont *transversales*. Elles ne concernent pas un seul métier, une seule activité. Elles les intéressent au contraire tous et toutes. L'invention de la canette avait bouleversé la fabrication de la soie, mais n'avait eu que des retombées secondaires dans les autres secteurs industriels. La micro-informatique, au contraire, n'est pas spécifique à une activité industrielle particulière, mais s'introduit partout et modifie les conditions traditionnelles de fabrication dans toutes les branches.

Elles sont par ailleurs *combinatoires*. Leur développement n'a pas de sens pris isolément ; elles ne peuvent être utiles qu'étroitement associées à d'autres technologies. L'invention du marteau, celle du ciseau, créaient des outils autonomes. Le microprocesseur, en l'état, ne sert à rien.

*Contagieuses* enfin, elles se diffusent, irriguent les technologies voisines, en multiplient les possibilités. Elles les dopent en quelque sorte. Elles ont un effet d'entraînement et un effet multiplicateur de leurs performances. La micro-informatique, en pénétrant le monde de la machine-outil, en a formidablement accru les capacités.

Certes, à toutes les époques de l'aventure humaine, la plupart des innovations ont plus ou moins présenté cette triple caractéristique d'être transversales, combinatoires, et contagieuses ; songeons à la découverte de la roue et au principe du levier. Mais jamais ce phénomène ne fut aussi flagrant ni aussi intensif qu'aujourd'hui. L'exploitation de certaines qualités du silicium a suffi à bouleverser le champ technologique traditionnel : pas une branche, pas un métier, pas une activité qui n'en subisse les effets.

En contrepartie, cette triple caractéristique rend l'adaptation de l'entreprise aux progrès technologiques infiniment plus difficile, voire aléatoire. D'une part, parce qu'elle fait éclater les cloisonnements habituels des compétences, des secteurs d'activité et des fonctions, en même temps qu'elle bouleverse les modes et les normes de production. D'autre part, parce qu'elle généralise la menace technologique : on ne peut se contenter, quand on en a le souci, de la guetter dans l'habituel environnement de proximité, car elle peut surgir d'un point de l'horizon technologique d'où on l'attend le moins et, par contagion, embraser la zone qu'on croyait efficacement surveillée. Ainsi l'arrivée de matériaux nouveaux peut-elle fermer des débouchés pour les transformateurs de métaux traditionnels.

Nous sommes entrés dans un monde de guet-apens permanents.

Autant dire que l'arrivée de nouvelles technologies impose aux responsables d'entreprise une attention renouvelée. Le véritable défi technologique est là : moins dans la capacité des entreprises à inventer que dans la capacité de leur management à détecter les menaces en temps voulu, les transformer si possible en opportunités innovatrices pour leur propre développement, à adapter les comportements individuels et collectifs au changement qu'elles imposent.

C'est pourquoi d'ailleurs toute politique industrielle nationale qui donnerait une importance excessive à la notion de filières risquerait de se condamner elle-même à l'échec. Car la question prioritaire n'est probablement pas de savoir si l'on doit et peut fabriquer soi-même les puces, mais plutôt comment faire pour que, par tous les moyens appropriés, l'ensemble des industries les « absorbent » et en tirent le meilleur parti possible pour devenir ou rester compétitives, ou parfois simplement survivre.

La réponse est complexe, car elle n'est pas seulement d'ordre managerial mais surtout d'ordre culturel. D'autant que les innovations contemporaines, à la différence des technologies mécanistes des temps passés, concernent, pour la plupart, bien sûr, les matériaux, mais surtout les systèmes d'information électroniques et biologiques, donc les domaines de la communication, de la santé et des services, c'est-à-dire la manière d'être de chacun ; leur enjeu, en fin de compte, est une mutation de la civilisation.

Ainsi la maîtrise de la technologie s'affirme, en cette fin du XX^e^ siècle, comme une arme indispensable, sinon suffisante, pour le dirigeant qui entend relever le défi de la crise, relever le défi des nouvelles concurrences, relever le défi de la turbulence technologique et cherche, pour son entreprise, une stratégie porteuse d'avenir, sinon, parfois, une simple stratégie de survie.

Mais curieusement, sauf au Japon, c'est une arme dont, en fait, à ce jour, peu de stratèges ont vraiment assuré la mobilisation de façon délibérée et organisée.

# CHAPITRE II

## *Quelques interrogations*

En raison des impératifs que les lignes précédentes ont cherché à mettre en évidence, le moment paraît venu, pour tous ceux qui ont en charge le management d'une entreprise, de s'interroger afin de mieux prendre conscience de l'importance que doit désormais prendre la dimension technologique dans leurs responsabilités personnelles de dirigeants, d'évaluer eux-mêmes leurs faiblesses dans ce domaine, afin de mesurer la distance qu'ils ont à parcourir pour en acquérir une réelle maîtrise.

Pour toutes sortes de raisons évidentes, dont les moindres ne sont pas les obligations légales, les dirigeants ont acquis les compétences nécessaires à la maîtrise de tous les mécanismes financiers et sociaux de leur entreprise – du moins les plus essentiels. Ils disposent pour cela d'outils souvent très sophistiqués et très efficaces d'observation et de contrôle. De comptes en bilans, ils tiennent des états réguliers, comparatifs et fiables. Peu leur échappe, ou doit leur échapper, en tout cas pas la valeur réelle de leurs actifs comptabilisés.

Pareillement, dans le domaine commercial, l'entreprise gère avec un soin jaloux son portefeuille clientèle : elle en connaît en général les points forts et les points faibles et en surveille l'évolution avec une attention particulière pour pallier toutes les menaces en provenance de la concurrence et saisir toutes les opportunités offertes par le marché.

## Des lacunes dans le bilan de votre entreprise

Alors, vous qui parcourez ces lignes, faites la transposition et interrogez-vous pour savoir si vous gérez vos technologies avec la même rigueur que vos actifs financiers, votre portefeuille commercial, vos ressources humaines ? Tout ne se passe-t-il pas comme si la bonne gestion ne se mesurait qu'à travers certaines données dans certains domaines, à l'exclusion d'autres ? Et pourtant, la gestion du patrimoine technologique de votre entreprise n'est-elle pas au moins aussi vitale que celle de son capital financier, et sa dépendance technologique aussi peu souhaitable que sa dépendance financière ?

Il est vrai que des pans entiers de la réalité de votre entreprise sont absents des documents officiels de gestion et peuvent, naturellement, échapper à votre connaissance directe ; le plan comptable ignore les actifs constitués par le patrimoine technologique, qu'il s'agisse des savoir-faire significatifs ou des brevets. Mais pouvez-vous pour autant considérer que ces actifs « vivants » (les savoirs) ont moins de valeur que beaucoup des actifs « statiques » (les immeubles) qui figurent au bilan ? Ne devez-vous pas, au contraire, chercher à avoir d'eux aussi une connaissance complète et claire, et vous assurer qu'il n'existe pas quelque part des ressources cachées non exploitées, des terrains en friche ?

De même, le bilan comptable établit une distinction très précise entre ce qui appartient en propre à l'entreprise (situation nette) et ce qui n'est qu'emprunté, ou en dépôt. Mais quel bilan permet d'apprécier si elle possède en propre la totalité de son actif technologique, ou si une partie plus ou moins décisive pour son avenir n'est pas détenue par des tiers (fournisseurs, sous-traitants, bailleurs de licences) ou par un nombre trop restreint de collaborateurs très spécialisés qui peuvent disparaître ou partir chez un concurrent ? Or considérez-vous la dépendance technologique à l'égard de tiers moins dangereuse pour l'entreprise que sa dépendance financière ou moins sujette à réflexion de votre part ?

La nécessité d'établir un bilan technologique paraît s'imposer. Présentant un actif et un passif, et mettant en lumière le degré de dépendance de chaque technologie, il vous permettrait d'avoir une vision réaliste et consciente du patrimoine technologique de votre entreprise, d'établir des « ratios technologiques » (significatifs des conditions selon lesquelles il est géré), de tenter de les comparer avec ceux de la concurrence, comme vous le faites pour les ratios financiers, pour mieux évaluer vos forces et vos faiblesses par rapport à elle.

## Une myopie dangereuse

L'opinion la plus courante est de mettre les faillites d'entreprise sur le dos de la « mauvaise gestion », ou bien d'un retournement du marché, sans s'interroger plus avant pour se demander si les dirigeants n'ont pas simplement – insouciance, résistance au changement, insensibilité à ce type de problèmes, manque de moyens ? – ignoré les risques mortels de l'insuffisance technologique. L'étude, à notre connaissance, n'a jamais été faite des faillites technologiques cachées derrière les apparences : combien d'entreprises ont probablement disparu pour avoir mal apprécié les causes réelles de succès d'un concurrent nouveau et la menace technologique que ses procédés, ses produits, ses équipes de Recherche et Développement faisaient peser sur elles, pour n'avoir pas cherché à comprendre les raisons profondes de l'accroissement de ses parts de marché, pour n'avoir pas identifié le défi technologique qu'il leur lançait, ou mobilisé leurs propres cadres pour le relever, pour n'avoir pas tenté de reconquérir de nouveaux et indispensables degrés de compétitivité, bien sûr en s'efforçant de tirer le meilleur parti des savoirs accumulés dans l'entreprise, mais aussi, et plus que jamais, en sachant exploiter les idées et les technologies des autres pour les transformer en pôles internes d'innovation ?

Car l'ouverture vers le monde extérieur ne souffre plus aucune insuffisance, la menace étant d'ailleurs d'autant plus sournoise que l'entreprise dispose de plus d'atouts réels dans le domaine technologique. Bien souvent, trop confiante en leur valeur, et tout entière préoccupée de leur mise en œuvre et de leur développement, elle se découvre, en effet, soudain confrontée à un adversaire parfois incontournable qu'elle a laissé s'installer dans l'ombre, comme un dormeur s'éveillerait brusquement dans une demeure que les eaux auraient inondée pendant ses rêves. Souvenons-nous de l'horlogerie franco-suisse frappée au cœur par les montres à quartz japonaises qu'elle n'avait pas pu ou voulu voir venir...

## Un patrimoine en friche

Autre question : prenez-vous toutes les dispositions nécessaires pour assurer la sauvegarde de votre patrimoine technologique ? Car une chose est d'en faire l'inventaire, et si possible celui de la concurrence, autre chose de maintenir votre patrimoine en état permanent de répondre à la menace que fait peser sur vous celui du concurrent.

Les efforts pour améliorer la productivité se traduisent par une meilleure utilisation, mesurable, du matériel, du temps et des hommes. Mais bien qu'avec la technologie on quitte le domaine du quantitatif pour celui du qualitatif, ne devez-vous pas, malgré tout, vous efforcer d'estimer le potentiel de développement que son savoir confère à l'entreprise, de le gérer pour en tirer le meilleur revenu, d'en améliorer aussi la « productivité » ?

Vous assurez-vous ainsi que les programmes de sensibilisation et de formation individuels et collectifs, par exemple aux technologies nouvelles, sont bien cohérents avec la stratégie de progrès de l'entreprise ?

Vous assurez-vous enfin que le meilleur profit est tiré de la variété des expériences et des savoirs capitalisés par chacun des collaborateurs, qui peuvent provenir d'horizons et de cultures différents, notamment à la suite de restructurations industrielles, mutations ou fusions ?

### Voies royales et impasses

Une des caractéristiques du management depuis une trentaine d'années a été de privilégier les fonctions de gestion par rapport à toutes les autres, et notamment par rapport aux fonctions techniques. Les hommes de marketing, eux, ont réussi leur percée, notamment sous l'impulsion des écoles de management américaines ; ils se sont révélés indispensables, dans une conjoncture de croissance, pour détecter les marchés à conquérir, évaluer les chances de succès et les efforts à consentir, suggérer les méthodes de promotion et de vente les plus efficaces pour déplacer la clientèle.

Or l'environnement, nous l'avons rappelé, a considérablement évolué : les exigences nouvelles du développement et de la survie modifient en profondeur les réponses que doit apporter l'entreprise. Mais la culture de cette entreprise, ses habitudes, ses méthodes de management se sont-elles adaptées en conséquence ? En dépit de l'importance, reconnue, de la technologie, les ingénieurs, surtout les plus doués, ne ressentent-ils pas toujours comme des impasses les fonctions qui se consacrent à la technologie ? Et ne se demandent-ils pas souvent, dès leurs premières années de service, quand et comment ils obtiendront que leur soient confiées des responsabilités de gestionnaires afin de pouvoir bénéficier de la considération morale et matérielle qui leur est généralement attachée et qu'à leurs yeux mérite leur valeur réelle, mal appréciée tant qu'ils restent dans le ghetto de l'expertise technologique ?

Et, d'ailleurs, les dirigeants eux-mêmes n'ont-ils pas tendance à appeler les meilleurs de leurs ingénieurs vers les postes de gestion générale ?

Ne devez-vous pas, vous aussi, vous interroger sur cette attitude qui tend implicitement à placer les fonctions technologiques en position subalterne par rapport aux fonctions de gestion, ici les voies royales et là les culs-de-sac ? Le moment n'est-il pas largement venu, dans l'intérêt de l'entreprise, de ses ingénieurs et de ses techniciens, de mieux honorer les responsables de la recherche, de l'innovation et de la technologie, et de les rémunérer au même titre que les meilleurs responsables de la gestion, en un mot de réserver des possibilités de carrières brillantes aux « gestionnaires de la technologie » ?

La compétition entre gestion d'une part, recherche/technologie d'autre part, est stérile et dépassée. Les ressources technologiques réclament elles aussi d'être gérées, et cette gestion est aussi une fonction de la direction générale ; il serait grave que cela ne soit pas reconnu, et que toutes les conséquences n'en soient pas tirées.

## La boîte noire de la recherche

Cantonnés souvent dans un relatif isolement, sans communication véritablement étroite avec les hommes de marketing, les services de recherche courent alors le risque de poursuivre sur leur lancée des programmes sans cohérence véritable avec les objectifs stratégiques de l'entreprise. Dans certains cas, les directeurs de recherche croient savoir ce qui est bon pour l'entreprise, et imposent leur propre vision. Dans d'autres, des débats s'instaurent, mais plus ou moins décousus, entre responsables de la recherche et du marketing, sur la concurrence, les marchés, les possibilités de recherches, mais rarement sur les possibilités externes d'acquisitions de technologies ; il en sort une liste mal hiérarchisée de propositions où le court terme prévaut le plus généralement sur le long terme, où l'assistance technique se pare du nom de « recherche », avec laquelle elle est confondue.

Comme le disait récemment Guy Deneliou, président de l'université de technologie de Compiègne : « Rien ni personne, à l'heure actuelle, ne fournit aux entreprises des éléments pour leur permettre de gérer leur « *corporate research* », pour organiser des réseaux de veille technologique ou pour mettre en place des passerelles entre les divisions de la recherche et celles du marketing. De ce point de vue, nous avons été et sommes encore des autodidactes de la technologie »[3].

Dans la plupart des entreprises, les directions de la recherche d'une part et du marketing d'autre part sont placées sous l'autorité directe d'une direction générale, qui, même issue de la technique, peut se trouver dépassée par la rapidité du progrès scientifique et technique et avoir des difficultés à conserver en la matière des capacités suffisamment fines de jugement, d'anticipation, d'orientation, d'arbitrage.

Dans ces cas, comment les chercheurs, ne sachant pas assez précisément ce que l'on attend d'eux, n'auraient-ils pas tendance à se replier quelque peu sur eux-mêmes, sans donner la pleine mesure de leur efficacité ? Jusqu'à quel point les dirigeants, incertains de leur savoir, peuvent-ils s'impliquer dans les programmes de développement technologique et éviter que le directeur de la recherche reste seul maître de son laboratoire, comme le magicien de sa boîte noire, ne montrant que ce qui en sort, sans jamais avoir à révéler ce qui se passe à l'intérieur ? Ainsi, sans une étroite concertation entre les fonctions de Recherche et Développement, de marketing et de direction générale, comment cette dernière peut-elle valablement apprécier et décider s'il est préférable de répondre à une menace technologique par le risque d'une recherche menée à l'intérieur de l'entreprise, plutôt que par le coût d'acquisition d'un savoir extérieur ?

Certes, le problème ne se pose vraiment en ces termes que dans les entreprises d'une certaine taille ; mais dans les plus petites, où les directions générales sont restées très proches des problèmes techniques, celles-ci ont-elles vraiment le temps, le goût et les moyens de rester à l'écoute du monde extérieur pour maintenir au niveau voulu – grâce à l'acquisition de nouveaux savoirs –, les compétences et la compétitivité technologique de l'entreprise ?

Pouvez-vous affirmer, quant à vous, posséder une maîtrise suffisante de votre programme de recherche comme vous la possédez de votre programme d'investissement, avoir établi entre les différentes fonctions de votre entreprise des relations suffisamment étroites, disposer des moyens d'informations et d'arbitrage adéquats, au point d'être sûr de pouvoir choisir la stratégie de développement technologique la mieux adaptée ?

# CHAPITRE III

## *Les constatations*

Les quelques questions soulevées dans le chapitre précédent ne permettent aux responsables d'entreprise qu'un diagnostic encore limité. Mais cette première mise en évidence de lacunes, plus ou moins consciemment perçues, dans les méthodes de management peut se révéler à leurs yeux déjà suffisante pour les inciter à s'engager dans une réflexion plus approfondie.

Car, à cet égard, les constatations convergent singulièrement : les dirigeants européens, comme leurs homologues américains, reconnaissent se tenir trop éloignés des préoccupations de nature technologique ; ils admettent volontiers leur grande faiblesse par rapport à leurs concurrents japonais, face auxquels ils se sentent, d'un point de vue culturel en particulier, assez mal armés. Certes, quelques comportements individuels font exception, par exemple dans des entreprises moyennes à haute intensité technologique ; il n'est cependant pas exagéré de parler d'un comportement collectif de distanciation à l'égard de la technologie.

Il faut convenir que leur éducation de dirigeants ne les a pas préparés à une autre attitude.

Les programmes des grandes écoles d'ingénieurs ne laissent en effet guère de place à la formation, ou même à une simple sensibilisation à la gestion de la recherche ou de l'innovation. Les écoles de gestion, de leur côté, ignorent généralement la technologie : une des plus importantes écoles de management européennes ne fait même pas figurer le mot « technologie » dans son programme MBA (Master Business Administration).

Déjà mal sensibilisés par leur formation initiale, comme ultérieurement par leurs sessions de perfectionnement – quand ils en suivent –, les dirigeants ont, en outre, été détournés rapidement des préoccupations technologiques par l'évolution même de leur carrière. Dès lors qu'ils ne se sont plus trouvés eux-mêmes au contact direct du « terrain », ils ont progressivement « décroché » ; ils ne sont, souvent, plus en mesure de suivre avec autant de pertinence qu'au début de leur carrière l'évolution des technologies, leurs interactions ou effets croisés, ni d'anticiper leurs impacts sur l'avenir de l'entreprise. Ainsi risque de se creuser un fossé entre les directions générales et les spécialistes de la technologie.

Ce processus n'avait guère de conséquences lorsque les technologies évoluaient à un rythme relativement lent, dans une économie de croissance ; comparées aux forces vives de marketing, elles ne constituaient pas alors, du moins en apparence, le vecteur le plus dynamique du développement ; or les temps ont changé.

### Le syndrome du « NIH »

Et, circonstance aggravante, dans le même temps où les dirigeants prennent leurs distances vis-à-vis des préoccupations technologiques et s'en remettent aux services spécialisés pour le développement technologique de leur entreprise, beaucoup d'entre eux, sauf dans quelques entreprises dont le développement repose sur l'innovation, témoignent d'un certain manque d'ouverture vers l'extérieur ; cette attitude a été dénoncée par les Américains, qui l'ont diagnostiquée chez eux, sous le nom de syndrome du « *not invented here* » (NIH). Cette sorte de xénophobie à l'égard des inventions venues d'ailleurs est aussi néfaste à l'industrie française, par exemple, que sa difficulté, souvent soulignée, à exploiter et à valoriser industriellement ses propres inventions ; d'autant qu'elle s'oppose à la « xénophilie » des Japonais en matière d'information technologique, cette religion de l'« *invented overthere* », qui constitue le vecteur essentiel de leur développement.

Une enquête[4] réalisée en 1977 a montré que 15 % des innovations japonaises, 12 % des anglaises, 7 % des américaines provenaient d'une invention étrangère : pour la France, le chiffre est proche de 0 %. Quelle erreur d'entretenir l'idée que la balance des brevets doit être positive, en ignorant l'importance de l'effet de levier que peut constituer sur la balance des paiements l'exploitation judicieuse de toute innovation, quel que soit son continent d'origine ! Comme si le considérable déficit de sa balance avait nui à l'essor du Japon !

Quelle vision limitée de la recherche, celle qui conduit à ne pas reconnaître (myopie ou amour-propre mal placé ?) le parti qui, grâce à un effort de développement spécifique, mais tout aussi intense, peut être tiré d'une permanente synthèse du progrès, des idées, du savoir des autres, à ne pas percevoir l'intérêt de pouvoir ainsi concentrer ses capacités de découverte, nécessairement limitées, sur les domaines moins fréquentés où il est possible de maintenir ou de conquérir un leadership.

On peut comprendre d'un chercheur, d'un ingénieur, d'un technicien, amoureux de son métier, et fier d'une compétence reconnue par ses pairs, à défaut parfois de sa propre hiérarchie, qu'il soit tenté de privilégier ses propres travaux, sur lesquels il est jugé, plutôt que de faire appel aux découvertes des autres, qui peuvent, à la limite, lui porter ombrage. Mais on comprendrait mal qu'en dépit de ce comportement, somme toute normal, la gestion de la technologie restât entièrement déléguée à une fonction qui ne peut, dans la pratique, se valoriser que par ses propres travaux. Ou bien, alors, il faut modifier ses règles du jeu.

En tout état de cause, la tentation des chercheurs de privilégier leurs propres recherches ne suffit pas à expliquer le syndrome du NIH. Leur position dans l'organisation des entreprises les prédestine insuffisamment à s'ouvrir au-dehors et c'est là sans doute une autre cause non négligeable.

Car, privés souvent de contacts avec l'extérieur, mal informés du positionnement concurrentiel de leur entreprise, sauf peut-être dans des domaines très spécifiques, ils ne sont guère soumis à l'interpellation directe et insistante du marché, donc peu sollicités de remettre en cause leurs propres travaux ou de les réorienter en fonction des menaces qui pourraient peser sur l'entreprise. Responsables du développement technologique, hommes de recherche et autres techniciens ne vivent pas dans un état permanent de confrontation mobilisatrice avec des challenges sans cesse renouvelés, comme ceux du marketing, dont la fonction est, au contraire, d'être quotidiennement face à face avec la concurrence.

## Des outils pour le temps de la croissance

D'autres constatations doivent être faites, relatives aux outils de réflexion stratégique mis à la disposition des dirigeants d'entreprise.

Tout d'abord, la généralisation, parfaitement fondée, de la segmentation stratégique des portefeuilles d'activités, exercice toujours délicat mais indispensable, a eu souvent pour effet d'occulter les synergies possibles entre les compétences et savoirs propres à chaque segment.

Le découpage des activités de l'entreprise en segments homogènes n'offre guère, en effet, de structures d'accueil naturelles à une réflexion inter-segments d'où peuvent émerger des innovations technologiques ou des voies de diversification ; d'autant que, au-dessus d'une certaine taille, la segmentation épouse généralement les contours, – ô combien cloisonnés ! – des structures de l'entreprise (départements, divisions, filiales...).

Par ailleurs, en période de croissance soutenue, il était normal que la réflexion stratégique privilégiât les binômes finances/marketing ou produits/marché, puisque les capacités de développement compétitif des entreprises dépendaient essentiellement d'eux.

Les démarches alors préconisées sont assez bien représentées par les premiers travaux du Boston Consulting Group (BCG), dont les matrices d'analyse de portefeuilles d'activités ont, pendant la décennie 1970-1980, servi de modèle à toute une génération de dirigeants, de consultants, de spécialistes du management.

### La matrice BCG

Le principe de l'effet d'expérience mis en évidence par BCG est bien connu : l'entreprise dont la production cumulée est la plus importante dispose sur ses concurrents d'un avantage *possible* de coûts grâce à une *expérience cumulée* importante, celle-ci permettant des améliorations progressives des procédés et des moyens de fabrication, puis des économies d'échelle lorsque la production se développe. Ce principe de l'effet d'expérience repose sur des observations multiples selon lesquelles le coût unitaire d'un produit, évalué en monnaies constantes, diminue d'un pourcentage constant à chaque doublement de l'expérience, c'est-à-dire chaque fois que sa *production cumulée* est multipliée par deux.

Comme il est logique de penser que le rapport entre *productions cumulées* de deux concurrents est le même qu'entre leurs *parts du marché*, il était judicieux d'apprécier par la mesure de celles-ci leur avantage réciproque possible en termes de coûts unitaires de production.

L'effet d'expérience jouant aussi sur les fonctions autres que la fabrication, nous considérons personnellement que, *sur le plan des principes*, le raisonnement est applicable à la *chaîne complète* de « production » depuis le stade des études jusqu'à celui de la distribution.

Ce principe sert de fondement à la matrice proposée par BCG :

**FIGURE 1**

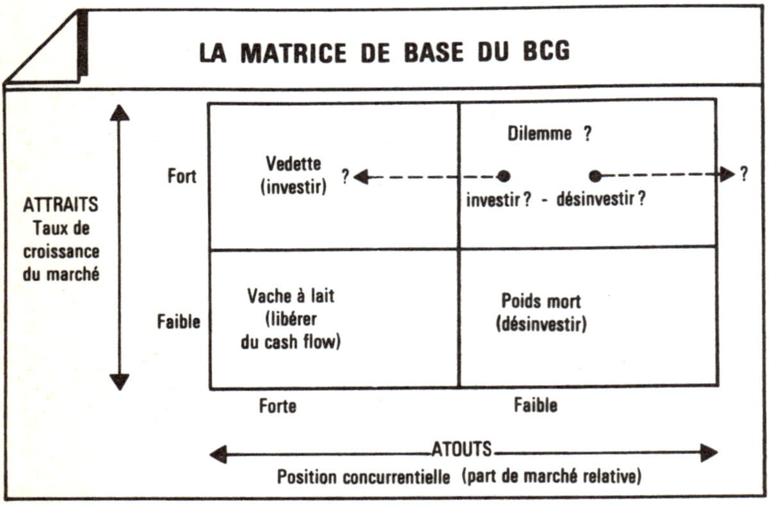


*Sur l'axe des abcisses sont portés les atouts de l'entreprise exprimés en part de marché relative, c'est-à-dire le rapport entre la part du marché total de l'entreprise et celle de son principal concurrent. Sur l'axe des ordonnées sont portés les attraits du marché exprimés en taux de croissance moyen annuel.*

*Les choix stratégiques de l'entreprise sont déterminés en fonction de la position de chaque activité sur la matrice.*

Certes, la matrice d'origine, affinée plus tard par le BCG lui-même, puis par d'autres consultants qui en ont adopté la « philosophie », était, lorsqu'elle fut formulée, extraordinairement novatrice ; son caractère réducteur, que certains ont pu à bon droit juger excessif, en a fait un outil pédagogique très efficace qui a certainement contribué à sensibiliser les entreprises françaises à l'importance des études de positionnement concurrentiel. Excellent vecteur de diffusion du marketing stratégique, l'utilisation de la matrice a fait cependant l'objet d'un certain nombre de réserves justifiées, notamment par le fait que l'effet d'expérience ne se fait guère sentir dans certains secteurs de production ; on notera au passage que, si l'on admet la définition de la technologie que nous avons retenue, qui prend en considération toutes formes de savoirs et savoir-faire, par exemple traitement de l'information et modes de distribution, ces réserves s'atténuent sensiblement.

En revanche, des réserves paraissent devoir porter sur d'autres points.

En utilisant comme critère d'atout le positionnement exprimé en termes de parts relatives de marché par rapport au concurrent le mieux placé (et en privilégiant, par les mots ainsi utilisés, le concept de marketing), c'est le positionnement concurrentiel *actuel* que la matrice met en évidence ; en utilisant comme critère d'attrait un taux de croissance moyen, elle n'introduit *aucune anticipation* sur son évolution future. Bref, elle photographie, dans un environnement supposé *stable*, une situation acquise grâce à l'effet d'une expérience *passée*.

Faisant comme si le passé et le présent qui en découle contenaient à eux seuls tous les futurs de l'entreprise, la démarche n'invite pas à en explorer d'autres, notamment ceux pouvant résulter de changements possibles de courbe d'expérience, ou, de façon générale, de l'impact de sauts technologiques déterminants. Bref, la méthode classique paraît ignorer que, dans la pratique, la compétitivité de demain, qui seule doit nous interroger du point de vue stratégique, sera, aussi et surtout, la récompense des efforts, souvent encore cachés, d'anticipation et d'innovation d'aujourd'hui.

Un regard sur l'illustration ci-dessous met en évidence l'ambiguïté d'une appréciation de la compétitivité par le positionnement en termes de part de marché relative, si on ne dispose pas d'appréciation sur les « technologies » mises en œuvre et sur l'expérience réelle du concurrent à tous les stades de la chaîne de « production » (certains pouvant être communs à plusieurs autres activités), bref, si on ne situe pas correctement la courbe sur laquelle il se trouve placé.

FIGURE 2

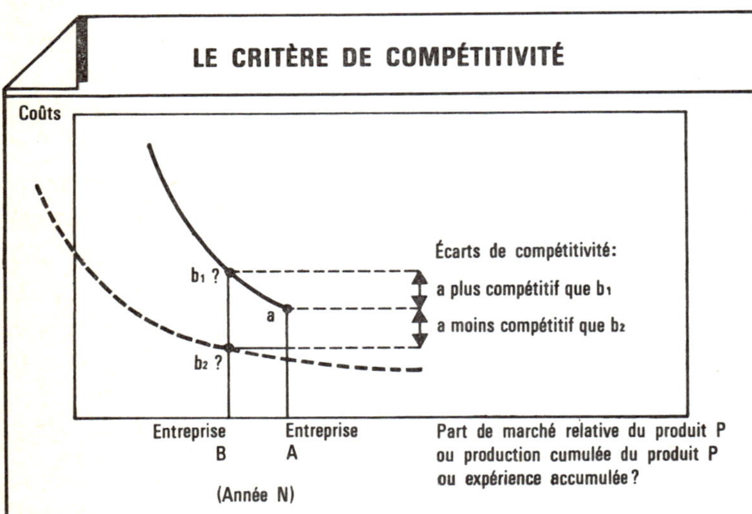


*Le concurrent B peut se trouver en* $b_2$ *si, à la différence de A, l'expérience qu'il met en œuvre sur le produit P est accrue par l'expérience qu'il met en œuvre sur d'autres activités.*

Ainsi des entreprises dont les activités se trouvaient traditionnellement en position de « vache à lait » ont-elles été conduites à des conclusions stratégiques erronées ; certaines se sont retrouvées dans des situations de dilemme, faute d'avoir mené en temps voulu les investigations pour savoir si leurs atouts, mesurés à la seule aune de la compétitivité actuelle, ne couraient pas le risque d'une menace technologique, ou si les attraits de leurs marchés n'étaient pas sur le point d'être confrontés à un bouleversement technologique qui accélérerait leur déclin, ou, au contraire, leur redonnerait une nouvelle jeunesse, mais au profit d'une entreprise autre que la leur. Rappelons-nous l'irruption du quartz qui a mis en péril l'industrie horlogère traditionnelle, ou celle de la puce qui a créé le marché nouveau de la calculette de poche, dont n'ont évidemment pas profité les fabricants de règles de calcul ou, enfin, l'apparition de la fibre optique, qui, en faisant vaciller certains domaines de l'industrie du câble électrique, donne une vigueur nouvelle à l'industrie du transfert de l'information.

Utilisés par des dirigeants que ni leur formation, ni leur carrière, ni les modes traditionnels d'organisation des responsabilités ne prédisposent à trop se préoccuper de technologies, les outils de réflexion stratégique, par ailleurs efficaces, dont ils ont longtemps disposé présentaient donc une carence ; celle-ci n'a certainement pas contribué à réduire la distanciation à l'égard de la technologie, lacune grave du management de beaucoup de nos entreprises face aux défis lancés par ceux dont la force industrielle a été bâtie sur une mobilisation technologique généralisée.

# CHAPITRE IV

## *Premières réponses*

Dans le contexte d'une croissance économique généralisée, on conçoit que la technologie ne se soit vue réserver qu'une place aussi modeste dans les méthodes et outils classiques. Il faudra attendre le début des années 80 pour qu'elle commence vraiment à être mise en relief et exploitée avec méthode.

En réalité, elle n'était pas ignorée, mais, en ne la prenant en compte que de façon implicite, ces méthodes et outils l'occultaient ; d'ailleurs, pourquoi, sous le règne du marketing-roi, courtiser une princesse qui n'a pas (encore) ses grandes entrées à la Cour ?

Ainsi, en adoptant l'effet d'expérience comme élément décisif de l'analyse des positionnements concurrentiels, ses « inventeurs » introduisaient, bien évidemment, une dimension technologique ; l'importance de l'expérience acquise mesure, en effet, la maîtrise des processus (et des méthodes) mis en œuvre ainsi que la capacité de l'entreprise à en tirer le meilleur parti sur le plan des coûts.

Mais, ce faisant, l'attention s'est focalisée sur l'écart *actuel* de compétitivité entre concurrents et non sur celui, plus porteur de signification pour l'avenir, de leur *potentiel* de compétitivité technologique (figure 2, p. 56).

### Potentiel de compétitivité « technologique »

Reprenons l'illustration précédente. Les technologies ont un cycle de vie et arrivent tôt ou tard à maturité ; alors, elles ne sont plus susceptibles d'évolution significative, et la courbe d'effet d'expérience tend vers une asymptote.

Cela signifie que, à un instant donné, l'entreprise A dispose encore, en principe, d'un certain potentiel de compétitivité mis en évidence sur les figures ci-après. Il en est de même en apparence de l'entreprise C, supposée être coleader avec A ; mais si celle-ci se trouve sur une courbe d'expérience différente, ou si elle est susceptible

**FIGURES 3**

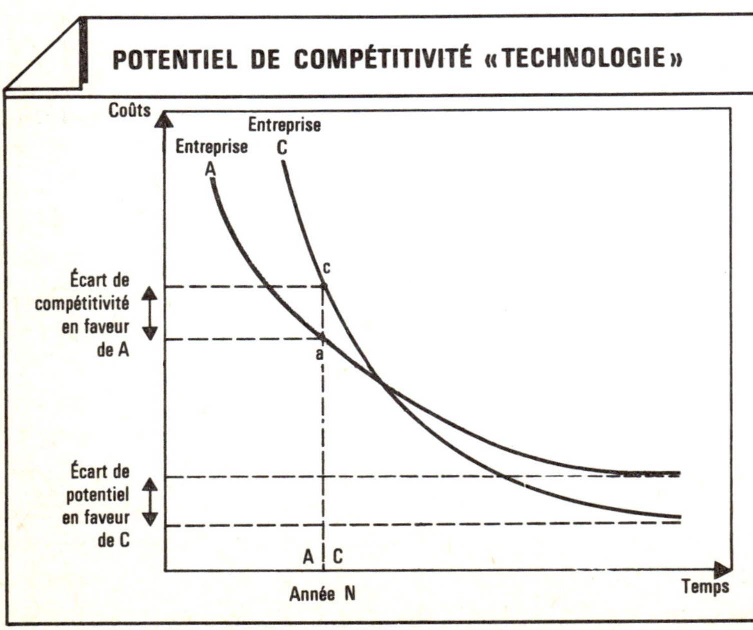

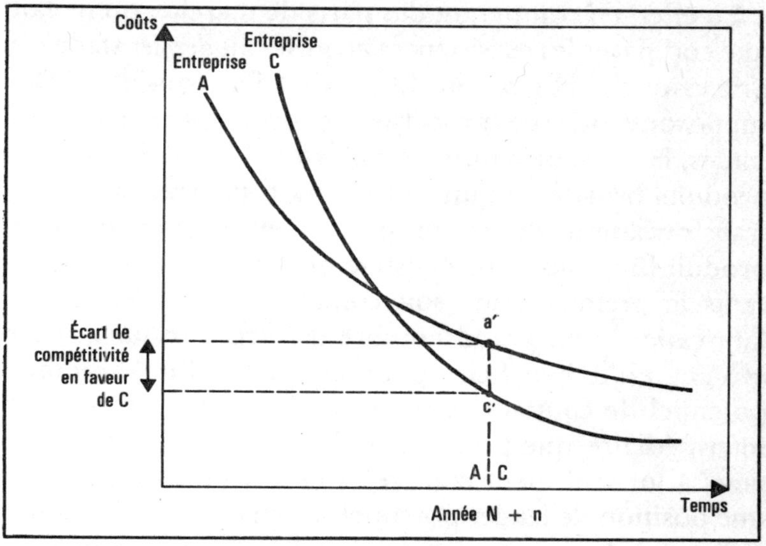


d'en changer progressivement l'allure par un apport d'innovation encore non apparent, elle peut disposer d'un potentiel de compétitivité différent tel que, si les écarts de compétitivité jouent en faveur de A aujourd'hui ($a > c$), les écarts de potentiel de compétitivité jouent à terme en faveur de C ($a' < c'$) ; c'est le fait important.

Car si l'utilisation prolongée d'une technologie dans la fabrication d'un produit peut conférer à une entreprise un avantage parfois décisif – mais somme toute théorique si elle n'en tire pas le meilleur profit –, l'entreprise concurrente, aujourd'hui moins bien placée, dispose peut-être d'un avantage potentiel grâce au développement d'une technologie nouvelle ou à la mise en œuvre de cette même technologie pour d'autres produits.

Cet effet de l'« expérience partagée » est souvent essentiel et déterminant. Ne pas en tenir compte peut conduire à des conclusions totalement opposées à la réalité ; c'est le risque d'une formulation du positionnement concurrentiel en termes de parts relatives de marché.

En effet, en comparant des parts de marché, on ne fait que comparer les expériences acquises au *dernier* stade du processus de fabrication du produit fini considéré. Or, supposons que ce processus se décompose en deux stades, la transformation en un produit intermédiaire de produits bruts communs à tous les concurrents, puis la transformation de ce produit intermédiaire dans le produit fini. Supposons ensuite que chez un des concurrents le premier stade soit commun aux processus de fabrication d'un grand nombre d'autres produits, il est évident qu'il bénéficie, pour ce stade, d'un avantage potentiel de coût sur ceux qui ne fabriquent le produit intermédiaire que pour un seul produit fini ; cet avantage, à lui seul, peut conférer à celui qui le détient une une position de leader potentiel sur chacun des produits, si la part de valeur ajoutée due à ce stade est importante.

Ainsi la dimension technologique est bien contenue dans la démarche classique de l'école BCG, mais n'a guère émergé comme facteur essentiel de l'analyse de positionnement concurrentiel.

### La démarche du MIT

Ce n'est, à dire vrai, qu'assez récemment, moins d'une décennie disons, qu'ont été publiés les premiers travaux relatifs à l'intégration explicite de la technologie dans la réflexion stratégique.

Telle est, notamment, la démarche proposée par E.B. Roberts, professeur au MIT, dans le but d'intégrer dans le plan stratégique de l'entreprise un véritable plan de développement technologique.

● E.B. Roberts invite tout d'abord à analyser et à évaluer la compétitivité de chaque technologie par l'emploi de sept critères appliqués à chaque produit : performances fonctionnelles, prix d'achat, facilité d'emploi, coûts d'exploitation, fiabilité et durée de vie, durée d'immobilisation en cas de réparation, compatibilité. Cette analyse (voir complément n° 2) permet de mettre en évidence les forces et faiblesses technologiques et d'élaborer une première tranche, à relativement court terme, du programme de Recherche et Développement.

La hiérarchisation de chaque élément de programme peut s'effectuer en tenant compte, pour chaque critère, de « l'élasticité de la demande technologique », c'est-à-dire l'influence que peut avoir sur la demande du produit une amélioration des performances ; d'où la possibilité de ne retenir que le ou les critères qui permettront l'amélioration des performances la plus sensible aux utilisateurs.

- La deuxième étape proposée par E.B. Roberts, de portée plus stratégique, est fondée sur l'examen de la courbe prix-performances des différentes réponses technologiques possibles à un même besoin ; par exemple : avion/train/voiture pour le transport à moyenne distance.

E.B. Roberts fait remarquer que les courbes évoluent dans le temps sous deux influences, celle de l'effet d'expérience qui, à performances égales, tend à réduire les coûts, et celle du progrès technique, qui, à coûts identiques, tend à améliorer les performances (voir figure 4).

Il est clair que deux réponses totalement distinctes hier, c'est-à-dire non concurrentes, peuvent évoluer de façon très différente selon l'importance relative de l'influence sur chacune d'elles de ces deux facteurs ; au point que, en quelques mois ou années, elles peuvent se retrouver dans une proximité concurrentielle menaçante pour l'une au moins d'entre elles. Tel est le cas, sur Paris-Lyon, du TGV et de l'avion.

## FIGURES 4

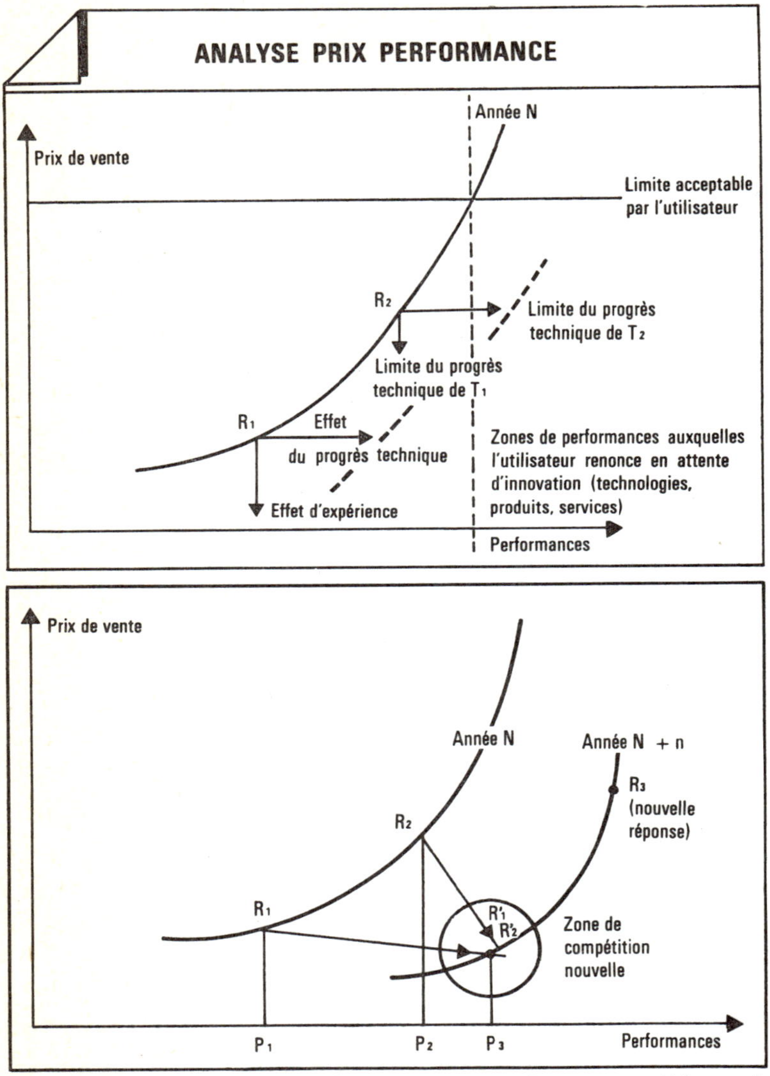


*Les réponses $R_1$ et $R_2$ à un même besoin ne sont pas vraiment en compétition ; mais les courbes prix-performances évoluent sous la double influence de l'effet d'expérience (en gros, réduction des coûts, donc des prix possibles de vente à performances identiques) et des progrès techniques (en gros, amélioration des performances à coût, donc à prix de vente, identiques).*

*Sous les effets conjugués, mais différents, des progrès techniques d'une part, de l'effet d'expérience d'autre part, les réponses possibles $R_1$ et $R_2$ à un même besoin se retrouvent à l'année N +n en compétition sous les formes évoluées de $R'_1$ et $R'_2$. Par ailleurs, une nouvelle réponse ($R_3$) peut apparaître.*

*D'après E.B. ROBERTS*

Une analyse un peu fine et anticipatrice des différentes réponses permet de mettre en évidence, et de situer dans le temps, les menaces potentielles ; elle aide à évaluer la nature ainsi que l'importance des efforts nécessaires pour maintenir la compétitivité ou pour trouver de nouvelles « niches » sur les courbes prix-performances qu'on pense être celles de demain.

Telle est la voie proposée par E.B. Roberts pour contribuer à l'élaboration de la tranche moyen terme du programme de Recherche et Développement Technologique.

Reste à consolider les différents programmes au niveau de l'entreprise en vérifiant leur compatibilité avec ses ressources générales.

## La démarche d'ADL

Une autre démarche, celle d'ADL (Cabinet Arthur D. Little), mérite de retenir aussi notre attention, car plus achevée dans son souci d'intégrer la dimension technologique à la stratégie marketing de l'entreprise ; elle fut présentée pour la première fois au cours de l'« European Management Forum » de Davos en 1981[5].

Cette démarche comporte essentiellement une analyse de l'impact des changements technologiques sur le positionnement stratégique des activités.

Elle enrichit ainsi la représentation statique d'une matrice de type attraits/atouts classique pour appréhender la tendance vers laquelle la situation de chaque activité est susceptible d'évoluer sous l'influence de progrès technologique (voir figure 5).

Deux variables-clés sont à cet effet prises en considération : une variable d'atout, la position concurrentielle, une variable d'attrait, la maturité des industries dans lesquelles elles se trouvent ou avec lesquelles elles travaillent. Positionnement concurrentiel : variable évaluée à

**FIGURE 5**

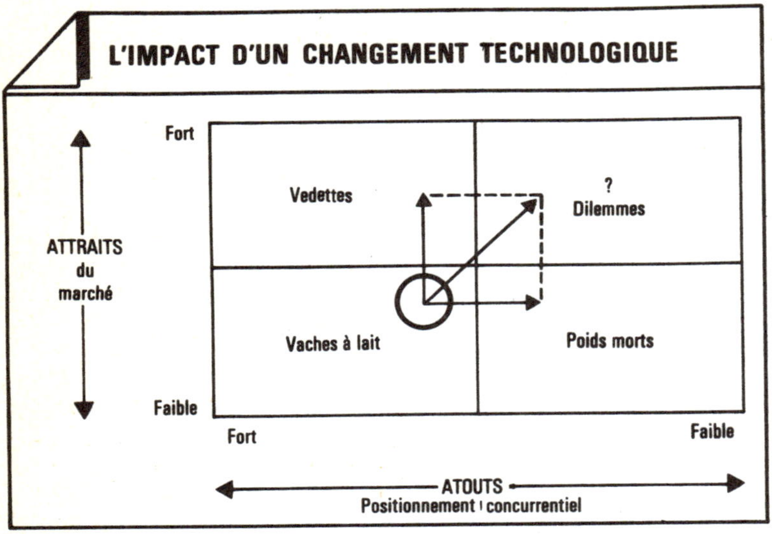


partir de critères multiples tels que parts de marché, maîtrise des technologies, coûts de production... ; la maturité des industries est le reflet de leur potentiel de croissance et de leur stabilité, donc des risques d'échecs ou des espérances de cash flow qu'elles recèlent.

Une fois mis en lumière l'impact des changements technologiques sur chacune de ces deux variables, des questions concrètes, de nature stratégique, se posent d'elles-mêmes, qu'il s'agisse de réduire ou d'équilibrer les risques technologiques au niveau général de l'entreprise, ou de choisir les priorités d'investissements technologiques.

Pour guider la réflexion, ADL introduit cinq principes.

Tout d'abord, deux principes qui alimentent la première étape de la réflexion : « Toute activité industrielle met en œuvre plusieurs technologies distinctes et identifiables » et « ces technologies ont des influences d'importances variables sur les positionnements concurrentiels », c'est-à-dire sur les performances des produits ou la productivité des processus de fabrication.

Les troisième et quatrième principes permettent d'introduire une analyse de l'impact de l'évolution de ces technologies sur les deux variables majeures du positionnement de chaque activité.

Le troisième indique que « les technologies, comme les produits ou les industries, ont un cycle de vie » ; elles traversent successivement des phases de maturité croissantes de durée fort variable, certaines, remplacées par plus performantes qu'elles, disparaissant avant d'atteindre leur plein développement. Ainsi, en analysant l'éventail des matériels des différentes technologies mises en œuvre dans une industrie donnée, il est possible d'apprécier les risques d'un vieillissement accéléré par obsolescence technologique ou, au contraire, les chances d'un rajeunissement (l'accroissement des performances dues au microprocesseur a donné une extraordinaire jeunesse à l'industrie des calculateurs de poche, et l'électronique a inspiré de nouveaux développements à l'industrie traditionnelle du jouet). A un instant donné, la maturité générale d'une industrie (croissance, stabilité) ne se confond pas nécessairement avec sa maturité technologique, caractérisée par la maturité de ses technologies-clés et par le nombre des technologies émergentes ou en développement qui la concerne.

Dans ces conditions, le positionnement technologique d'une entreprise dans une industrie donnée dépendra de ses forces et faiblesses dans les technologies-clés de cette industrie (ou éventuellement dans ses technologies en développement) ; car, comme l'exprime le quatrième principe, « les concurrents ont, sur les différentes technologies, des positions de forces variables » (know-how, brevets, capacité de recherche, équipements). Il est clair par conséquent qu'un écart entre le positionnement technologique, annonciateur du futur, et le positionnement concurrentiel actuel, témoin du passé récent, peut être interprété comme le présage d'un changement dans les rapports de concurrence.

Une fois tirées les conséquences de ces principes, il devient possible d'aborder le dernier stade de la réflexion, celui des orientations stratégiques, qui, selon le cinquième principe, « doivent être déterminées en tenant compte à la fois de la position stratégique du segment d'activité considéré et de son environnement technologique » tel qu'analysé précédemment. Ainsi les orientations stratégiques de Recherche et Développement et, de façon générale, les investissements de nature technologique pourront-ils s'inscrire effectivement dans le plan stratégique global.

## Des grilles de réflexion

Différentes grilles pour servir de support à la réflexion finale sont proposées par les spécialistes du management, telles celle du SRI (Stanford Research Institute) et, bien entendu, celle d'ADL, cette dernière se traduisant par des recommandations comme notamment :

– privilégier ses technologies-clés ;

– s'impliquer dans au moins une technologie en développement, mais en sachant faire le bon choix ;

– éviter d'investir dans les technologies émergentes qui exigent un long délai de développement, un niveau élevé de risque, un potentiel inconnu.

Nous nous sommes étendu un peu longuement sur l'exemple d'ADL, car il part d'une définition classique du positionnement stratégique, celle des promoteurs des matrices du type BCG ou, plus généralement, attraits/atouts, et se situe donc dans le droit fil des réflexions stratégiques traditionnelles.

Ces concepts, introduits pour analyser les situations technologiques et aider à choisir les orientations stratégiques en matière technologique, deviennent familiers ;

ils permettent de franchir une première et importante étape vers une meilleure intégration de la dimension technologique dans la stratégie globale de l'entreprise.

Mais, s'ils ouvrent la voie à une réelle prise en compte de la technologie dans la réflexion stratégique, ils ne sont pas suffisants à eux seuls pour répondre à toutes les préoccupations évoquées au début de cet ouvrage, et notamment à toutes les interrogations formulées dans le chapitre II. Ce n'est pas eux qui ouvrent les regards sur l'extérieur. Ce n'est pas eux qui assurent la sauvegarde du patrimoine technologique. Ce n'est pas eux qui permettent d'en optimiser l'usage..

# DEUXIÈME PARTIE

## *Une réponse pour notre temps : Le MRT*

## Des outils de gestion à l'art du management

Les travaux d'Arthur D. Little et d'un certain nombre d'autres spécialistes américains ont donc fait franchir un pas essentiel à la réflexion stratégique, puisque, pour la première fois, ils y ont introduit, d'une manière explicite et méthodique, la technologie et l'innovation. Ces travaux ont commencé à être connus en France à la fin des années 70 et déjà ils offrent une base pour des réflexions plus approfondies.

Mais disposer d'un outil d'analyse et de synthèse est une chose, avoir la possibilité ou la capacité de l'utiliser en est une autre. Les comportements, les structures des entreprises, doivent en effet être adaptés à cet outil nouveau qui exige ouverture vers l'extérieur, surveillance spécifique des concurrents, brassage d'informations, implication de la direction générale* dans les choix technologiques. Son emploi suppose résolus de nombreux

* Nous évoquerons fréquemment le rôle de la direction générale pour souligner que c'est cette fonction qui doit se sentir directement concernée et donner les impulsions nécessaires aux structures opérationnelles.

problèmes dont la solution appartient précisément au management de l'entreprise : comment collecter l'information ? Comment surmonter le syndrome du « *not invented here* » ? Comment protéger ses propres technologies ? Comment surveiller les évolutions ?

Il est clair que la mise en œuvre d'un tel outil ne peut réussir sans une préparation préalable du management de l'entreprise.

L'itinéraire du père de la réflexion stratégique est, à cet égard, plein d'enseignement. Igor Ansoff avait été un des premiers à tenter d'appliquer au management des entreprises les méthodes d'organisation et de planification qui avaient fait leurs preuves pendant la deuxième guerre mondiale. Ses concepts, ses outils d'analyse et de synthèse se sont largement répandus d'abord aux États-Unis, puis en Europe. Les écoles de management les ont diffusés pendant une ou deux décennies ; des générations entières d'étudiants, puis de managers, ou de futurs managers, ont été formés à ses démarches.

Or, au bout de quelques années, force a été de constater que « la planification stratégique, ça ne marchait pas tellement » et que les plans, même les mieux faits, restaient stériles dans les tiroirs. Les entreprises ne tiraient pas tout le bénéfice qu'elles pouvaient attendre des outils, pourtant achevés, mis à leur disposition. Les armes étaient fourbies, mais elles ne donnaient pas la victoire. Euréquip, avec Pierre Davous, Marcel Filiu, Pierre de Boisanger, et Igor Ansoff lui-même, en tirèrent les leçons. Se préoccuper des outils était nécessaire, mais il fallait aussi se préoccuper de ceux qui les mettaient en œuvre ; étudier les relations entre les entreprises et leur environnement, proposer des moyens pour conduire leur évolution resterait relativement inefficace tant que l'on ne se poserait pas la question de savoir si cette évolution n'implique pas aussi une évolution des structures et des comportements ; si les relations changent, l'organisation et la culture des entreprises peuvent-elles rester identiques à elles-mêmes ? Si celles-là doivent être modifiées conformément au plan stratégique, ne faut-il pas, dans le même temps, adapter celles-ci ?

Au stade actuel, dont nous nous préoccupons, d'une plus grande prise en considération de la technologie dans la réflexion stratégique, des questions se posent dans des termes très voisins : peut-on utiliser les outils nouvellement forgés pour prendre en compte la dimension technologique sans se préoccuper, sous leurs différents aspects, des structures et des comportements ?

# CHAPITRE I

## *Six fonctions-clés*

### La dimension manquante

L'actualité et le caractère inéluctable de ces questions deviennent évidents si l'on rappelle le constat que nous avons fait d'une lacune du management. Pour répondre aux interpellations d'un environnement qui contraint à inventer des stratégies novatrices, à trouver des voies originales de développement, à relever les défis de la turbulence technologique, à innover pour affronter des concurrents créatifs, les chefs d'entreprise ne sont ni habitués ni formés à tirer le meilleur parti du patrimoine technologique de leurs collaborateurs et à renverser toutes les barrières internes et externes qui s'opposent à l'exploitation optimale des ressources technologiques de l'entreprise.

Les outils de réflexion stratégique apparus depuis quelques années auraient pu contribuer à combler cette lacune. Il n'en a rien été. Une dimension manquait, un quelque chose qui ne tenait pas aux outils eux-mêmes, quoique imparfaits qu'ils fussent parfois, mais relevaient du management lui-même. De même que l'échec relatif de la planification stratégique n'a pu être surmonté qu'en s'attaquant au management stratégique, de même, aujourd'hui, c'est par le management plus que par les outils que seront apportées les réponses à la problématique née de la chute de la croissance, des à-coups du progrès et de l'émergence d'un nouvel environnement concurrentiel.

C'est dans cette logique que s'inscrit notre démarche, qui ne limite pas le champ de la « technologie » aux seules « technologies », mais à l'ensemble des *ressources technologiques* de l'entreprise, c'est-à-dire à tout ce qui dans l'entreprise : hommes et moyens, savoirs, procédés et brevets, système d'information et de gestion, contribue, directement ou indirectement, de façon active ou passive, à la dynamique de l'entreprise. Car ces ressources technologiques de l'entreprise constituent un des éléments les plus importants de son patrimoine, même s'il est, en partie, de nature immatérielle, s'il est constitué de potentialités autant que de réalités, et s'il se révèle difficile à quantifier : tel est le cas, par exemple, de l'efficacité du chercheur dont les travaux peuvent demeurer stériles pendant des années ou, aussi bien, déboucher demain sur une découverte prometteuse d'avenir.

*Faire qu'un véritable management de ces ressources s'instaure au niveau le plus élevé de l'entreprise, telle est l'ambition de notre démarche.*

*Pour ce faire, nous suggérons de très simplement assimiler le MANAGEMENT DES RESSOURCES TECHNOLOGIQUES (MRT) à la gestion d'un patrimoine.*

*Cette gestion de patrimoine peut se résumer en six mots :*

- *optimiser*
- *enrichir*
- *sauvegarder*

*mais aussi :*

- *inventorier*
- *évaluer*
- *surveiller.*

En fait, ils se suffisent à eux-mêmes et contiennent l'essentiel de nos propositions ; il est donc essentiel que le lecteur garde en mémoire le schéma d'ensemble des six fonctions-clés (figure 6).

FIGURE 6

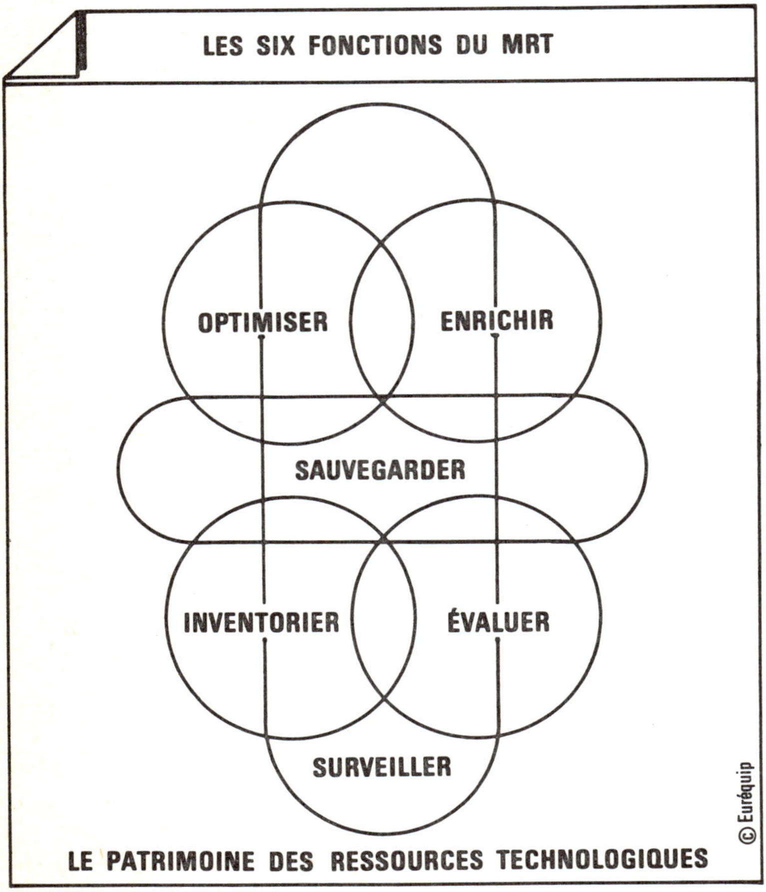


Les pages qui suivent ont pour but de livrer quelques thèmes à ceux qui souhaiteraient s'engager dans la voie d'une réflexion approfondie.

Les compléments fourniront aux lecteurs motivés des indications plus opérationnelles sur certains points.

**Les six fonctions-clés**

— *Optimiser*. Il s'agit de savoir si toutes les ressources disponibles sont exploitées au mieux de leurs potentialités ; ce qui implique, à l'évidence, la réalisation d'un *inventaire* grâce auquel pourra être notamment décelé l'éventuel « trésor caché », entendez la part de patrimoine laissée en sommeil.

— *Enrichir*. Un patrimoine, qu'il soit financier ou technologique, ne doit jamais rester inactif ni gelé, au risque de se stériliser, puis de se déprécier. Pour en maintenir et, si possible, en accroître la valeur, le management doit, à l'évidence, être capable d'en *évaluer* le contenu.

— *Sauvegarder* enfin. Les menaces viennent des gaspillages et pertes internes et, bien entendu, de l'extérieur ; elles doivent être *surveillées* sur un horizon suffisamment étendue pour qu'une efficace politique de protection puisse être conduite.

Ainsi émergent les six fonctions de base d'un Management des Ressources Technologiques :

- trois fonctions actives : optimisation, enrichissement, sauvegarde ;
- trois fonctions d'appui : inventaire, évaluation, surveillance.

Mais il nous faut insister ici sur le fait que les fonctions actives ne sauraient être remplies si les fonctions d'appui ne l'étaient pas ; les six fonctions doivent être gérées comme un système global dont l'efficacité d'ensemble serait compromise par la défaillance d'une seule d'entre elles. A ce prix seulement pourra être assurée une véritable gestion des Ressources Technologiques.

Pour aller du plus simple au plus complexe, du plus évident au plus enrichissant, la première tâche d'un Management des Ressources Technologiques sera très généralement l'*inventaire* ; elle se révélera essentielle, véritable clé d'entrée dans le Management des Ressources Technologiques.

# CHAPITRE II

## *L'inventaire*

Nous avons déjà constaté que le regard classique jeté sur l'actif de l'entreprise ne permet pas d'en dénombrer les ressources technologiques. Leur inventaire comblera cette lacune. Son importance, pourtant, ne tient pas dans sa faculté d'énumération, mais d'interpellation : il conduit par exemple l'entreprise à s'interroger sur ses réelles capacités concurrentielles dès lors qu'il fournit des indications sur le pouvoir de différenciation ou le degré de dépendance de ses technologies.

L'inventaire a ainsi une portée stratégique au même titre que l'analyse de portefeuille, de clientèle ou de marché.

Son objet est de passer en revue, avec un œil critique, les technologies, les savoir-faire et leurs applications, aussi bien ceux que l'entreprise utilise que ceux qu'elle n'utilise pas mais pourrait utiliser, ceux qui sont restés en friche et, le cas échéant, mériteraient un développement, ceux qu'utilise la concurrence, ceux qui sont transférables en l'état ou après adaptation. Y figureront non seulement les procédés brevetés ou non, les technologies maîtrisées et les outils nécessaires à leur mise en œuvre, mais aussi les expertises, les qualifications, les expériences, les polyvalences des hommes qui détiennent le know-how non formalisé de l'entreprise.

Cela implique que soient associées à son élaboration, outre les fonctions à vocation technique, diverses autres fonctions de l'entreprise, singulièrement celles qui ont en charge le Management des Ressources Humaines, ainsi que, à un degré plus ou moins grand, le marketing ou la politique internationale.

L'importance des Ressources Humaines dans l'inventaire des Ressources Technologiques paraît évidente, et cependant les chefs d'entreprise ne la mesurent souvent qu'à l'expérience. Ainsi les industriels français des télécommunications (c'est-à-dire tout à la fois les PTT, les constructeurs, les exploitations de réseaux) n'ont longtemps dressé l'inventaire de leurs possibilités d'exportation qu'en termes de produits et de techniques : types de centraux, procédés de transmission, modes de commutation. Or les acheteurs étrangers n'avaient que faire de ces matériels si on ne leur livrait pas en même temps, sous une forme ou sous une autre, la capacité humaine à en assurer la mise en œuvre et la maintenance. La vente des équipements n'a évidemment de sens qu'accompagnée de la vente de savoir-faire ; en dix ans, le pourcentage des matériels dans les exportations des télécommunications est tombé de 93 % à 76 %.

## Un jour de travail... ou mille

La variété des technologies susceptibles d'être prises en compte dans un tel inventaire est évidemment très grande, compte tenu de la définition que nous avons donnée du mot *technologie* : application d'un savoir général à un produit, à un service, à un procédé, à une méthode, à un système d'information (voir figure 7).

C'est ainsi que l'inventaire effectué en vue d'une diversification dans une entreprise d'études et réalisations d'ouvrages de génie civil destinés à des utilisations très particulières a mis en évidence une technologie qui élargissait singulièrement son « socle de diversification » : il s'agissait de la capacité de l'entreprise à trouver l'expert adéquat pour répondre à de nouvelles exigences du progrès technique et à l'intégrer, avec une grande efficacité, dans les équipes existantes.

Non seulement le nombre des technologies à inventorier peut être immense, mais le degré de détail peut être extrêmement fin.

Il faut donc s'imposer des limites ; celles-ci seront fonction du but recherché. Ainsi l'inventaire destiné à assurer un transfert complet des technologies mises en œuvre dans une usine de production sera aussi fouillé que possible puisqu'il devra comprendre tous les modes opératoires ; il pourra mobiliser une équipe nombreuse pendant plusieurs jours, voire plusieurs mois.

Tel fut le cas pour l'inventaire des savoirs nécessaires à la mise en valeur d'un gisement d'uranium, décomposé en trois niveaux (quatre macro-technologies, divisées en micro-technologies, subdivisées elles-mêmes en technologies élémentaires), ou pour celui de systèmes experts chargés de déceler les pannes de forage en eau profonde, qui suppose plusieurs années de programmation. La formalisation des deux cent vingt procédures d'exploitation d'un champ pétrolier exige quant à lui 1 000 hommes/jour de travail.

En revanche, s'agissant d'un prédiagnostic de nature stratégique, l'inventaire pourra se restreindre à l'énoncé du processus de fabrication ; dans ce cas, l'inventaire des

## FIGURE 7

### SUPPORTS ET CONTENU DU SAVOIR-FAIRE
**(Liste indicative)**

- Les brevets d'invention.
- Les procédés de fabrication non brevetés.
- Les marques, noms commerciaux et leurs attributs : logos, typons, couleurs, etc.
- Les matériels publicitaires : plaquettes, présentoirs, films, photos, PLV, etc.
- Les dessins industriels.
- Les modèles.
- Les plans, graphiques.
- Les instructions, les manuels, spécifications, check-lists, etc.
- L'ingénierie des procédés.
- L'assistance technique, la maintenance.
- La formation, le perfectionnement.
- Les études de marché, les études de faisabilité.
- Les listings (de fournisseurs, de clients, de prescripteurs, etc.)
- Les programmes informatiques à vocation technique, commerciale, de gestion, etc.
- Le savoir-faire du management (formalisé de préférence) et portant sur :

**SAVOIR-FAIRE TECHNIQUE**

— Les procédures d'études, de recherche, de tests (prototypes), etc.
— Les techniques de production, d'assemblage, de conditionnement.
— Les techniques d'ordonnancement, de gestion de la production.
— Les techniques de contrôle de la qualité.
— Les techniques de calcul du prix de revient.
— Les techniques d'achat de matières premières, équipements, etc.
— Les techniques de gestion des stocks.
— Les techniques de formation des personnels techniques.

**SAVOIR-FAIRE COMMERCIAL**

— Les techniques d'étude de marché, de tests, de prévisions des ventes.
— Les techniques de lancement de produits nouveaux.
— Les techniques de merchandising.
— Les techniques de publicité, de promotion des ventes, de relations publiques.
— Les techniques d'organisation, formation, rémunération et animation des vendeurs.
— Les techniques de choix et optimisation des circuits, de distribution.
— Les techniques de fixation de prix et tarification.

**SAVOIR-FAIRE DE GESTION**

— Les techniques de comptabilité et suivi de coûts.
— Les techniques de gestion budgétaire, de trésorerie.
— Les techniques de choix et d'évaluation des investissements.
— Les techniques de contrôle de gestion.
— Les techniques de recrutement et formation du personnel.
— Les techniques de rémunération et promotion.
— Les techniques de motivation et de développement du personnel (ex : DPO).
— Les techniques de planification et de contrôle.
— etc.

**D'après M. Bicheron**
Directeur de Tecnova

technologies d'une société importante peut être dressé en moins d'une journée.

Dans certaines situations, où la compétitivité de l'entreprise est en cause, c'est aussi l'inventaire des technologies détenues et mises en œuvre par la concurrence qu'il faudra, autant que faire se pourra, dresser : technologies relatives aux produits et services répondant aux mêmes besoins, technologies de fabrication, voire technologies de vente et de distribution.

S'agissant de diversification, l'inventaire qui doit lui servir de socle devra couvrir les terrains restés en friche, entendons par là les technologies et les savoir-faire, bien ou mal maîtrisés par l'entreprise, non mis en œuvre par elle actuellement, qu'ils proviennent de productions anciennes abandonnées, de recherches de laboratoires dont les résultats ne sont pas pertinents avec la stratégie présente, ou d'hommes récemment recrutés et porteurs d'un savoir non exploité.

## L'importance de la différenciation

L'efficacité de l'inventaire tient donc dans son adéquation au but fixé. C'est pourquoi on devra choisir une typologie qui, imposant un effort de classement, obligera ainsi à bien expliciter l'objectif et à ne pas le perdre de vue.

La figure 8 résume une typologie des technologies devenue traditionnelle (voir complément nº 1). On insistera sur le fait :

— qu'une *technologie de base*, celle qu'on doit détenir pour « être du métier », n'est pas nécessairement du domaine public : elle peut être protégée par un brevet. Elle peut aussi être utilisée dans d'autres métiers ;

— que la distinction, très importante d'un point de vue stratégique, entre *technologies de base* et *technologies de différenciation*, celles qui peuvent faire la différence avec la concurrence, est valable à un instant donné. Elle évolue dans le temps, certaines technologies de différenciation devenant après quelques années des technologies de base, par exemple la technologie de mise en œuvre des microprocesseurs dans l'automatisation de la production industrielle ;

– qu'une *technologie émergente* étant nécessairement mise en œuvre dans au moins une entreprise, mais dans un nombre restreint d'entreprises, elle sera pour celle(s)-ci une technologie de différenciation. Elle peut parfois, cependant, devenir très vite technologie de base.

**FIGURE 8**

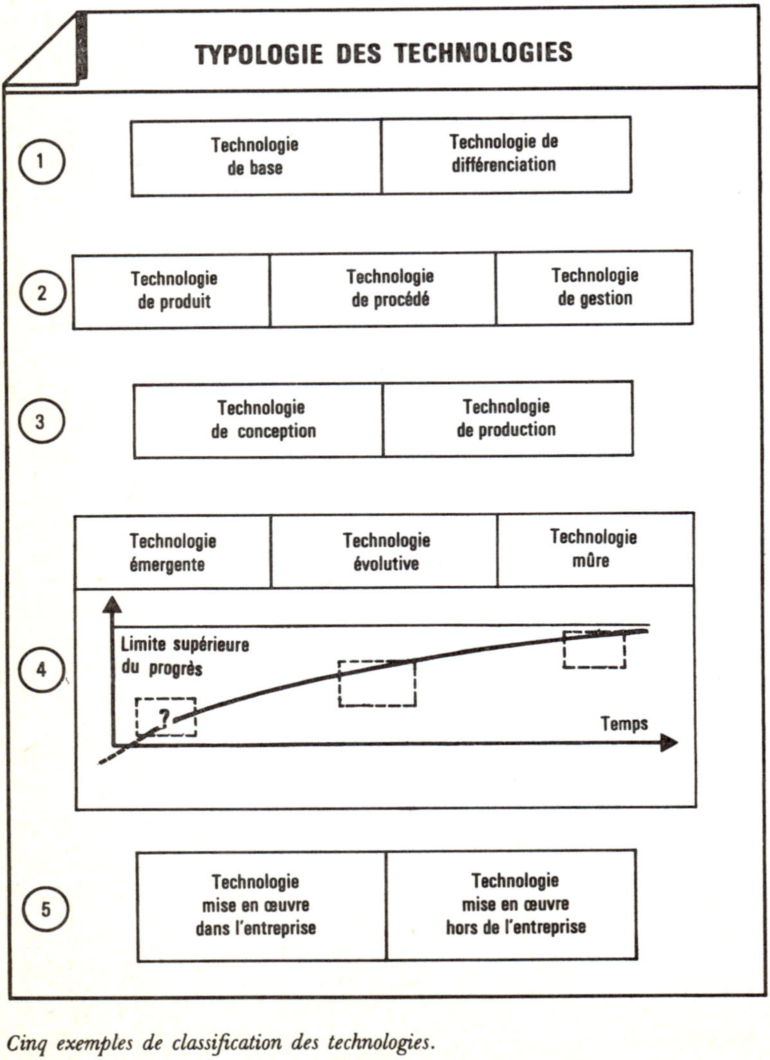


*Cinq exemples de classification des technologies.*

C'est l'intérêt de cette typologie que de s'obliger à identifier les technologies de différenciation, terme que nous préférons à celui de *technologie-clé* utilisé par certains. Car le concept de différenciation, associé à celui de maturité, est probablement le plus important du point de vue stratégique, puisque c'est sur les technologies de différenciation et sur les technologies évolutives que devra se concentrer l'attention de l'entreprise si elle veut se donner les armes de la compétitivité et s'ouvrir les voies vers des activités nouvelles.

L'application de ce concept demande une certaine réflexion et nécessite, eu égard à l'objectif visé, une analyse « imaginative ».

Ainsi le laminage sur quarto est une technologie de base décomposable en technologies élémentaires, dont certaines peuvent être des technologies de différenciation capables de conférer un avantage concurrentiel : par exemple la maîtrise de la planéité des cylindres dans des conditions difficiles (vitesse, pression). Mais cette maîtrise repose peut-être sur celle de l'arrosage de ces cylindres, donc de la conception et des réglages de diffuseurs de phase aqueuse, technologie qui peut être une technologie de base dans des activités autres que le laminage. De même, toujours dans le domaine de la métallurgie, la maîtrise d'un traitement thermique peut entraîner la maîtrise de la conception des fours, élément de compétitivité ; elle implique aussi celle des courants de convection d'air chaud à l'intérieur d'une enceinte, technologie pouvant ouvrir la voie, lointaine, à d'autres activités.

Enfin, l'objectif étant généralement lié à l'évaluation du potentiel de l'entreprise, il convient de bien identifier son degré de dépendance vis-à-vis de l'extérieur, en espérant ne pas s'apercevoir, comme cela arrive parfois, que ses technologies de différenciation (produits et procédés) sont dans leur quasi-totalité soit mises en œuvre sous licence étrangère (il est alors quasiment impossible d'en assurer l'évolution), soit « incorporées » dans des composants achetés à des fournisseurs auxquels il n'est pas possible de se substituer.

FIGURE 9

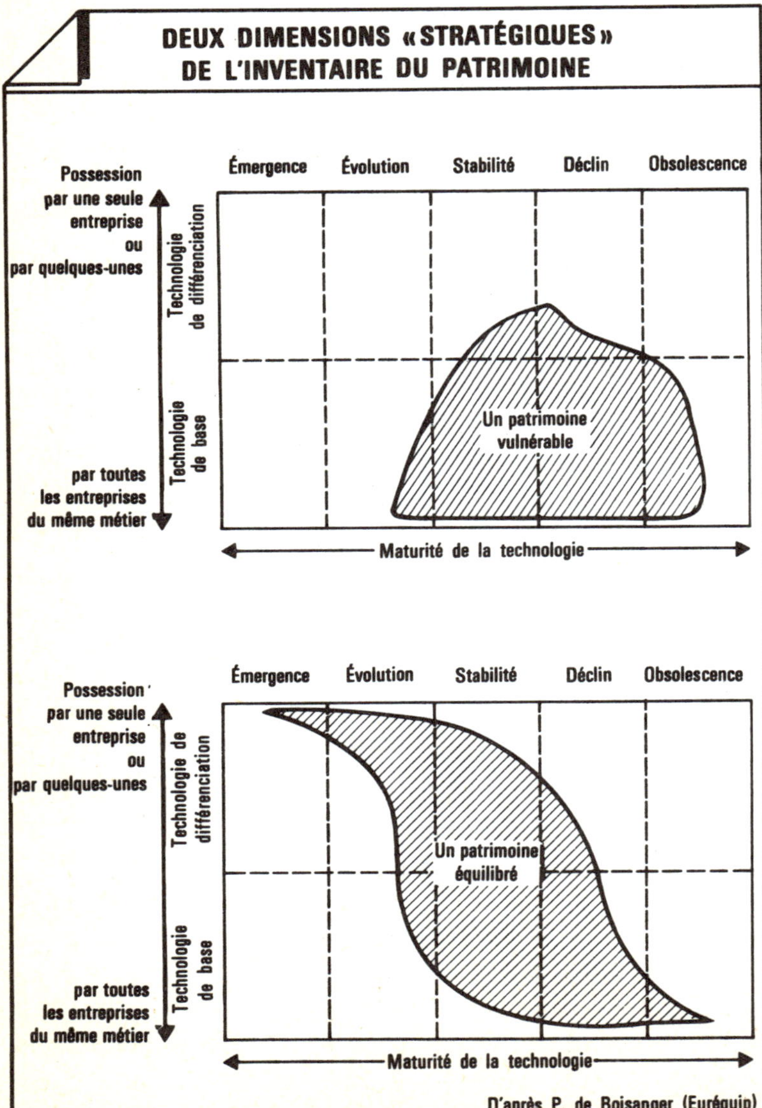

Pour que l'inventaire soit pertinent au regard d'objectifs tels que la recherche de voies de diversification, il faut se détacher du vécu de l'entreprise pour l'examiner avec un regard différent (le « *lateral thinking* », pour reprendre l'expression d'Edward de Bono[7]) ; à cet effet, il est souvent efficace de se faire assister d'un animateur ou d'un expert étranger aux activités de l'entreprise, qui n'hésitera pas à pousser l'interpellation aussi loin que nécessaire.

De même, le report sur une matrice où seront portés en abscisse le cycle de vie des technologies, en ordonnées leur niveau de possession par l'entreprise, montrera la vulnérabilité ou l'équilibre d'un patrimoine (voir figure 9).

## Une présentation, de nombreux usages

L'inventaire est très généralement présenté sous forme d'une matrice technologie/produit ; un exemple d'une telle matrice est donné dans la figure 10. Elle porte

**FIGURE 10**

| Portefeuille des Technologies | Portefeuille des produits | | | Autres applications possibles | Dépendance externe | non exploitées |
|---|---|---|---|---|---|---|
| | P1 | | $P_j$ | | | |
| Technologies de base :<br>— Procédés<br>— Produits<br>— Méthodes<br><br>Technologies de différenciation :<br>— Procédés<br>— Produits<br>— Méthodes | | | | | | |
| Technologies de la concurrence<br>— Procédés<br>— Produits<br>— Méthodes | | | | | | |

sur les produits et les activités actuelles de l'entreprise, mais aussi sur les activités anciennes ou en développement et sur le savoir de son personnel.

Ses possibilités d'exploitation sont très grandes : en fait, elle est un passage obligé, sous une forme ou sous une autre, pour toute analyse qu'imposera le Management des Ressources Technologiques.

Son élaboration, le choix de la typologie, se font en fonction des objectifs, par interrogation des divers responsables de l'entreprise, puis recoupements.

Le seul fait de réfléchir aux questions qu'elle impose suffit déjà à mettre en lumière d'importants points faibles et points forts de l'entreprise dans le domaine concerné, et à engager des discussions de portée stratégique qui s'enrichiront dans les étapes d'analyse ultérieures, notamment l'évaluation.

Elle contribue aussi à l'intégration des fonctions de l'entreprise.

En effet, dresser un tel inventaire et le maintenir d'actualité n'est l'affaire ni d'un seul homme ni d'une seule fonction : les responsables de la recherche, du développement, du marketing, de la production, des ressources humaines, doivent y participer. Ainsi l'inventaire inaugure-t-il cette collaboration entre les différentes fonctions qui caractérisent le Management des Ressources Technologiques et pourra-t-il être utilisé pour susciter et animer une réflexion collective entre les différents responsables du management de l'entreprise.

De cette réflexion collective pourront ainsi se dégager des consensus sur :

– l'identification des points forts et points faibles de l'entreprise, dans le domaine de la production aussi bien que dans ceux du marketing ou de la recherche-développement ;

– les domaines et degrés de dépendance technologique de l'entreprise vis-à-vis de tiers ;

— le recensement des hommes porteurs des connaissances et savoir-faire essentiels, pour mieux les gérer ;

— les conditions d'intégration et de coordination entre les fonctions de l'entreprise.

Cette réflexion est aussi la première étape d'une réflexion plus globale de nature stratégique, car, comme nous le verrons (voir p. 175 et complément n° 9), elle attire l'attention sur le mode de gestion réelle, mais souvent non explicité, des activités de l'entreprise défini en fonction de la place réservée à la technologie dans la stratégie de portefeuille.

Par ailleurs, l'inventaire des produits et des technologies de l'entreprise constitue une première étape (nécessaire) de l'analyse de la compétitivité de chaque technologie. Cette compétitivité est appréciée par les performances (coût, caractéristiques d'utilisation, fiabilité...) des produits à la fabrication desquels chacune d'elles contribue. Elle implique un travail d'équipe, et par la même contribue aussi à l'intégration des fonctions de l'entreprise. Ses faiblesses constatées fournissent des indications précieuses sur les orientations qu'il convient de donner au programme de Recherche et Développement à court terme.

Mettant en évidence le véritable métier de l'entreprise, avec ses forces réelles et ses faiblesses potentielles, ses spécificités qui la différencient de la concurrence, ses lacunes qui compromettent son évolution, son degré de dépendance vis-à-vis de l'extérieur, ses capacités de réactivité face aux changements technologiques, l'inventaire est, à l'évidence, un outil de haute portée stratégique. Tenu de façon permanente, il contribue à limiter les risques de l'entreprise de se trouver confrontée à une problématique imprévue dont elle n'aurait pas la maîtrise.

# CHAPITRE III

## *L'évaluation*

### Un échange sans complaisance, facteur d'évolution des comportements

Ce qui vient d'être exposé le montre amplement, qui dit « inventaire » sous-entend nécessairement « évaluation », fonction essentielle, mais aussi parmi les plus délicates du Management des Ressources Technologiques, car elle oblige l'entreprise à porter sur elle-même un regard critique.

Une telle évaluation ne peut se faire que par un *échange approfondi* nécessairement *sans complaisance entre tous les acteurs* de l'entreprise. Révélatrice de ses forces et faiblesses les plus sensibles, elle doit faire appel à des démarches qui, telles celles pratiquées par Eurequip, conduisent au compromis sans lequel l'action pourrait être entravée, et non à la confrontation stérile ; elle permet notamment de mettre en lumière les conditions de bonne « gestion » des relations entre les fonctions marketing/R et D/production, d'élaborer les programmes d'amélioration technique, de R et D, d'acquisition de technologies ; enfin, de déterminer les besoins en formation adaptés aux orientations stratégiques de l'entreprise, et aux contraintes de la compétitivité et du progrès technique.

L'influence de cette évaluation est certaine sur les attitudes et les comportements :

– parce qu'elle co-interpelle les responsables de l'entreprise, elle est un facteur d'intégration des fonctions de l'entreprise ;

– parce qu'elle remet en cause, elle oblige les responsables à être lucides ;

– parce qu'elle interroge, elle favorise l'ouverture vers l'extérieur ;

– parce qu'elle force à se projeter dans le futur, elle développe le sens de la prospective ;

– parce qu'elle impose de se « mesurer », elle éveille le goût de la compétition.

## Compétitivité et potentiel

Plusieurs démarches d'évaluation peuvent être envisagées suivant la nature et l'horizon des préoccupations.

L'étude des technologies transférables ou l'élaboration des programmes de développement technologique à court terme nécessitent une évaluation fondée sur des critères de *compétitivité* de coûts ou de performances.

L'élaboration des programmes de Recherche et Développement à moyen et long termes ainsi que les analyses stratégiques s'appuient plutôt sur des concepts de *potentiel* technologique, de dépendance extérieure ou intérieure, de résistance ou de précarité du patrimoine.

## Analyse de compétitivité

Nous l'avons évoquée précédemment en citant E.B. Roberts. La compétitivité d'une technologie s'apprécie en fonction de son aptitude à rendre plus ou moins concurrentiels les produits à la conception ou à la fabrication desquels elle contribue. Elle traduit la capacité de l'entreprise à mettre en œuvre, pour la fourniture d'un produit ou d'un service donné, les technologies qui lui permettent de s'assurer une part substantielle du marché.

Rappelons que pour l'évaluer on identifie les caractéristiques techniques et commerciales des produits telles que les attendent les divers marchés concernés, ces caractéristiques résultant de l'emploi de telle ou telle technologie ; on peut ainsi élaborer une matrice par couple technologie/produit.

Puis, par exemple, pour chaque marché, concentrer son attention sur les critères de performances dont une amélioration permanente, grâce à l'évolution de la technologie considérée, aura l'influence la plus grande (concept d'« élasticité-technologie ») (voir complément nº 2).

Il conviendra de nuancer les jugements en prenant en considération le fait que l'image technologique de l'entreprise peut jouer un rôle de moteur ou de frein, quel que soit par ailleurs le niveau réel de ses performances ; à cet égard, le ticket d'entrée dans des marchés d'exigences technologiques différentes peut être très élevé (concept d'image technologique).

De telles analyses, appliquées à chacun des couples technologie/produit représentatifs de l'entreprise, peuvent être consolidées pour évaluer la compétitivité globale de chacune des technologies mises en œuvre dans l'entreprise. Les appréciations globales ainsi portées peuvent conduire à des décisions stratégiques sur le développement de tel produit ou de telle technologie de l'entreprise.

## Analyse de potentiel

Nous avons mis en évidence précédemment (figure 2, p. 56) l'importance qu'il faut attacher au concept de potentiel : il contient les germes de la compétitivité de demain.

A la différence de l'analyse de compétitivité qui examine les performances présentes de chaque technologie à travers des critères « produit », l'analyse de potentiel, elle, est relative au futur estimé de chaque technologie ; elle utilise des critères qui sont propres à cette technologie, et restent donc relativement indépendants de ses champs d'application dans l'entreprise.

La démarche proposée repose sur une définition précise du concept de potentiel technologique, à savoir la capacité de l'entreprise à mettre en œuvre des technologies qui répondent, dans le présent et dans le futur, aux attentes que le progrès technique peut susciter, de façon latente ou non, dans le marché.

Une entreprise aura un potentiel technologique élevé si elle a des atouts technologiques forts sur des technologies en développement (de plus en plus nécessaires pour rester compétitif et présent sur le marché). Elle aura, à l'opposé, un potentiel technologique bas, même si ses atouts technologiques sont forts, si ces technologies ont des potentiels de développement limités ou si elles concernent des domaines d'attrait limité. Il ne servirait plus à rien d'être très compétitifs dans la fabrication des mémoires à tores à l'époque de la puce, ou dans la fabrication des diligences à l'époque de l'automobile.

L'analyse de potentiel peut s'effectuer de diverses manières, notamment en utilisant les techniques classiques des matrices de type attraits/atouts dans lesquelles on retrouve des zones de recommandations analogues à celle du BCG, mais applicables au développement technologique.

Les critères d'atouts seront par exemple le degré de maîtrise de la technologie, son degré de diffusion dans l'entreprise, la capacité R et D, l'indépendance, la protection ; les critères d'attraits pourront être le potentiel de progrès de la technologie, la demande du marché, son « élasticité-technologie ».

Il est clair que le choix des critères est un acte essentiel de l'analyse : il doit être fait en fonction des objectifs visés, et, là encore, dans un débat étroit entre les fonctions techniques et les fonctions marketing.

De ces analyses, il est possible de dégager des axes d'orientations en matière de développement technologique, depuis les chevaux de bataille à exploiter jusqu'aux poids morts qui ne justifient plus d'efforts de R et D.

Mais aussi d'éclairer sous un jour nouveau le potentiel de développement des produits et des marchés grâce au mariage de l'analyse de potentiel technologique et de l'analyse marketing.

Seront aussi identifiés les efforts à entreprendre : formation – si les compétences technologiques sont insuffisamment diffusées dans l'entreprise –, investissement de recherche, embauche de spécialistes de telle technologie – si une faiblesse apparaît –, acquisition de brevets pour une technologie qui marque du retard, abandon (voir complément n° 3).

La mise en œuvre de l'évaluation ne s'effectue pas sans difficulté ; qui doit en avoir la charge ? Un groupe à l'intérieur de l'entreprise ? C'est une méthode. Il en est une autre, plus participative et intégratrice, qui conviera les hommes de la technologie et les hommes de marketing à apporter, chacun en ce qui le concerne, sa contribution à l'évaluation des attraits et des atouts de chaque technologie, après en avoir, ensemble, choisi les critères.

Un groupe de réflexion stratégique dégagera enfin les décisions et les modalités d'application.

Cette démarche exige de tous lucidité et courage, car elle met autant en cause les compétences professionnelles que les comportements humains ; elle oblige à faire appel à toutes les fonctions de l'entreprise, dont elle est un vecteur d'intégration.

Elle concerne très particulièrement les hommes de la recherche et du développement puisqu'elle oriente les programmes d'innovation ou d'acquisition de savoir-faire, c'est-à-dire d'amélioration du portefeuille technologique.

Elle oblige tous les participants à s'ouvrir vers l'extérieur, à se mesurer aux autres, à se projeter vers la compétitivité future.

Elle joue un rôle déterminant dans le processus du Management des Ressources Technologiques.

# CHAPITRE IV

## *L'optimisation*

« Creusez, fouillez, ne laissez nulle place où la main ne passe et repasse », disait La Fontaine.

En matière de gestion, en effet, la première obligation d'un dirigeant d'entreprise est de tirer le meilleur parti possible des actifs qui lui sont confiés.

Le champ des ressources technologiques supporte volontiers la comparaison avec celui du laboureur ; un trésor est toujours caché dedans, non pas sans doute sous forme d'une cassette enfouie, mais de potentialités qu'il s'agit de faire émerger puis épanouir, d'une façon ou d'une autre. Ainsi inventoriées et évaluées, ces ressources technologiques vont exiger le même effort de mise en valeur que les ressources financières, dès lors qu'on leur reconnaît une égale importance patrimoniale.

L'attention qu'il convient d'apporter à la gestion de ces actifs doit être d'autant plus soutenue que leur acquisition est infiniment plus complexe et plus coûteuse que celle d'actifs matériels. Elle est le fruit d'efforts accumulés dans l'entreprise, au cours d'années d'expériences, d'échecs et de réussites, par les hommes qui s'y sont succédé. La transmission de ces actifs est lente, parfois difficile ; leur valeur souvent remise en cause par les turbulences du progrès.

Les investissements de recherche qui permettent de les entretenir, sinon de les accroître, ont une rentabilité délicate à évaluer et constituent toujours un placement aléatoire.

Pour optimiser la mise en valeur du patrimoine technologique, dont les composants auront, au préalable, été identifiés et évalués, plusieurs voies sont offertes.

### Les refus du gaspillage

La première est de s'assurer qu'aucune idée ni invention de procédé ni de produit n'a été rejetée, puis oubliée, sans un examen objectif de sa valeur réelle, celle-ci étant appréciée non au seul regard des critères d'intérêt actuel de l'entreprise, mais « en soi ».

Cette ressource potentielle pourrait en effet trouver à se valoriser un jour, par exemple à l'occasion d'un projet de diversification dont l'intérêt n'est momentanément pas perceptible ; elle pourrait de la même façon être exploitée dans une structure d'accueil externe mieux appropriée à son développement. Quand bien même l'entreprise n'en tirerait aucun revenu immédiat, on ne peut s'empêcher de penser au devoir de solidarité qu'elle devrait s'imposer en veillant à ce qu'aucun des fruits de la matière grise, notre seule ressource renouvelable durablement, ne soit gaspillé ni stérilisé. Les Japonais ont compris tout le dynamisme que la communauté industrielle, irriguée en permanence par les idées que chacun de ses membres met à sa disposition, pouvait tirer de cette multiplication des possibilités de fécondation.

De façon générale, l'entreprise doit veiller à ce que le savoir et l'expérience de chacun soient utilisés au mieux de ses possibilités. Quel gaspillage de connaissances ne constate-t-on pas dans de nombreuses entreprises (en général, d'une certaine taille) où les compétences réelles de chacun ne sont même pas toujours connues ! Et combien de frustrations cachées chez des hommes dont, au hasard des circonstances, des carrières, ou des changements d'affectation, on a « oublié » d'entretenir, voire de reconnaître, l'expertise véritable !

## Un bon usage de la recherche

Une deuxième voie d'optimisation consiste à s'interroger sur le bon usage économique des ressources mises en œuvre dans l'entreprise. Cela pose notamment le problème, considérable, de l'efficacité des équipes de recherche. Combien d'entre elles sont détournées de leur vocation par des travaux qui relèvent plus de l'assistance technique aux usines ou aux réseaux de vente que de la recherche véritable ; résolument tournée vers l'avenir plus ou moins proche, cette dernière est pourtant une des sources essentielles de la compétitivité de demain.

Cette situation trop fréquente, même dans des entreprises par nature orientées vers la technologie, traduit en général le fait que les programmes de recherche prennent insuffisamment leurs racines dans la réflexion stratégique de l'entreprise. Il arrive d'ailleurs plus souvent qu'on ne le croit que, faute d'une implication suffisante de la direction générale, le directeur de la « boîte noire » de la recherche détermine lui-même le meilleur usage qu'il convient de faire des ressources de ses laboratoires ; démarche qu'il ne faut pas rejeter entièrement, ni systématiquement, mais dont il ne faut pas attendre qu'elle permette à coup sûr que les allocations soient les mieux adaptées aux objectifs généraux de l'entreprise. Il arrive aussi fréquemment que l'indispensable débat entre la recherche et le marketing n'ait pas lieu, ou qu'il reflète seulement les urgences immédiates du terrain ou les capacités de chaque participant à imposer ses propres idées. *A contrario*, citons l'exemple d'un important groupe français du secteur des biens d'équipement à dominante technologique qui affecte *a priori* 60 % des ressources du laboratoire central de recherches aux demandes des unités opérationnelles, très proches du marché, et 40 % aux initiatives de la direction technique du groupe. Lorsque la direction générale constate que le programme privilégie trop les problèmes de court terme, le premier pourcentage est réduit ; la décision inverse est prise lorsque devient trop importante la proportion des travaux, qui, lancés à l'initiative de la recherche, n'aboutissent pas à un volume suffisant de résultats concrets pertinents avec la stratégie de l'entreprise.

Cela dit, mesurer l'efficacité de l'emploi des ressources de recherche n'est pas aisé. Disons simplement qu'à défaut d'y parvenir de façon parfaite du moins faut-il se donner les meilleures chances que cette efficacité soit la plus grande possible. Pour cela, deux précautions indispensables doivent être prises, moins répandues qu'on ne le pense.

La première concerne le programme de R et D, qui doit être élaboré de façon aussi concertée que possible entre toutes les parties prenantes de l'entreprise afin qu'il en reflète fidèlement les orientations stratégiques.

La deuxième précaution concerne le processus de contrôle des projets, qui doit être très précis (voir complément n° 4) ; ses responsables doivent, en permanence, garder présents à l'esprit leurs objectifs et leurs enjeux et s'en servir comme références pour apprécier si le projet avance de façon efficace, c'est-à-dire s'il continue de répondre à ses espérances d'origine.

A cette même voie peut se rattacher le souci qui doit être celui de tous les dirigeants de mobiliser les énergies, à tous les niveaux, pour améliorer en permanence la « qualité ». Certes, on assiste à un formidable développement de ce qu'on appelle les « cercles de qualité ». Mais, la responsabilité et surtout l'initiative de ces cercles restant souvent assurées par les responsables des affaires sociales et humaines, on peut craindre que leurs directions générales n'aient toujours pas perçu, ou pris en compte dans leur réflexion, le fait que la capacité à maîtriser la qualité sous toutes ses formes, et pas seulement celle des produits, est, elle aussi, une ressource technologique de portée stratégique.

La maîtrise du Management des Ressources Technologiques est elle-même une « ressource technologique » parmi d'autres.

Dans cette même voie, on peut encore citer l'utilisation des méthodes d'analyse de la valeur pour jeter un œil critique sur le bon emploi qui est fait des savoirs, technologies, procédés et produits, pour satisfaire au mieux, sans gaspillage inutile ni exploit superflu, les exigences du marché et de la compétitivité.

### Des créneaux « négligés »

Dans une troisième voie, l'entreprise pourra s'interroger sur les possibilités de ses ressources technologiques, qu'elles soient ou non exploitées, à satisfaire des besoins du marché autres que ceux vers lequels elles sont actuellement orientées.

Sa première question portera sur les produits eux-mêmes : tire-t-elle toujours le meilleur parti commercial de toutes leurs propriétés, même lorsque celles-ci ont une importance secondaire sur le marché auquel elle les destine normalement ? Cette interrogation est d'autant plus pertinente qu'elle s'applique à des produits moins proches de l'utilisateur final, par exemple aux matériaux et aux demi-produits : les alliages d'aluminium ne sont pas seulement des matériaux métalliques « légers qui ne rouillent pas » ; ils ont d'autres propriétés, celle d'être réfléchissants par exemple, qui n'intéressent guère les industries de l'emballage ou de l'aéronautique.

Un autre exemple est donné par une entreprise qui fabrique le même matériau depuis de très nombreuses années, suivant un procédé assez immuable, en vue d'applications bien définies auxquelles il est bien adapté en raison de ses caractéristiques. Or l'étude des marchés a mis en évidence le fait qu'un nombre significatif de clients était intéressé par certaines autres « ressources » de ce matériau. La décision fut prise d'adopter une stratégie de développement de ces « ressources » qui, du fait des habitudes acquises, n'avaient jamais fait l'objet d'un réel effort de promotion ; incidemment, l'entreprise a été conduite à s'interroger sur les possibilités d'obtenir ces « ressources » par des voies mieux appropriées (application en quelque sorte du principe de l'analyse de la valeur, qui permet, en éliminant l'inutile, de réduire à l'essentiel de leur utilité le produit et son procédé de fabrication).

Mais la démarche d'optimisation stratégiquement la plus importante s'appliquera à exploiter toutes les possibilités qui se présenteraient à l'entreprise au « carrefour » de ses potentialités technologiques d'une part (d'où la nécessité de l'inventaire permanent), des opportunités du marché d'autre part.

Ressources et potentialités technologiques constituent le « socle » de toute diversification ; le « ticket technique » exigé pour entrer dans toute nouvelle activité sera d'autant moins coûteux et l'opération d'autant moins risquée que le nombre de ses points de greffe avec ce socle sera plus élevé et leur solidité plus grande. Comme le souligne Hewlett Packard, n'entrez dans une nouvelle activité que si vous pouvez solidement l'ancrer sur deux des pieds du tripode sur lequel repose l'entreprise : la R et D, les capacités de production, le système commercial.

D'où l'intérêt évident d'un inventaire des ressources essentielles, complet et surtout bien évalué, indiquant par exemple le degré de maîtrise acquis dans les technologies de différenciation ; car quel avantage compétitif pourrait-on espérer d'une diversification qui ne reposerait que sur des technologies de base, partagées par tous ?

Plusieurs démarches peuvent être suivies pour explorer les idées de diversification offertes par l'ensemble des technologies et des savoir-faire détenus par l'entreprise. Ces démarches relèvent en général des techniques de créativité, mais l'une d'elles doit avoir la priorité sur les autres : l'exploration systématique de toutes les possibilités de synergies internes. Elle est d'autant plus justifiée que l'entreprise est plus grande, plus diversifiée, plus structurée et que, suivant les principes du management traditionnel, elle pratique la segmentation pour conduire sa réflexion stratégique.

C'est ainsi qu'un important groupe français assez diversifié, en effectuant une analyse des compétences de toutes ses filiales dans un domaine particulier de la première transformation de matériaux métalliques et non métalliques, a mis en évidence qu'il disposait, dans ce domaine, d'un éventail de connaissances et d'expériences extraordinairement ouvert, dont probablement aucune des entreprises présentes sur chacun des segments d'activité concernés ne pourraient se prévaloir. Cette « révélation » a déterminé ce groupe à s'engager de façon stratégique dans ce créneau, où elle peut raisonnablement ambitionner une position de leader. Ce développement avait été envisagé quelques années auparavant, puis l'idée abandonnée sur la foi d'une étude sérieuse mais incomplète, car l'analyse des ressources et des potentiels technologiques n'avait pas été suffisamment extensive à travers l'ensemble du groupe.

Parfois, la meilleure utilisation du savoir-faire justifie une différenciation physique des activités. Tel fut le cas pour une entreprise de transport routier interurbain qui, pour faire mieux tourner son parc jusqu'alors exploité seulement sur des lignes régulières, se lança dans l'organisation d'excursions et de voyages. Confrontée aux difficultés de gérer d'une manière centralisée des activités aux caractéristiques aussi variées, elle décida de créer trois sociétés chargées chacune d'optimiser une compétence spécifique : ponctualité pour l'une, souplesse pour l'autre, ouverture et imagination pour la troisième.

**La vente des technologies** (voir complément n° 8)

Elle est pratiquée par de nombreuses entreprises pour des raisons variées ; pour certaines d'entre elles, il s'agit d'une décision de nature stratégique qui s'inscrit parfaitement dans une démarche d'optimisation des ressources technologiques. Tel est le cas de la vente des procédés de fabrication de l'aluminium, qui permet d'entretenir à un haut niveau de compétences des équipes de bureaux d'études ; faute de quoi, à la cadence à laquelle une entreprise construit pour elle-mêmes de telles usines, ce haut niveau serait difficile à maintenir.

Pour d'autres, le transfert de technologie associé à une

politique de propriété industrielle permet de tirer bénéfice des capacités de l'acheteur à développer plus rapidement le marché d'une innovation ; pour ceux qui disposent d'une insuffisante capacité en investissements de production, c'est une voie qui leur permet d'accélérer le développement de leur activité internationale.

Pour d'autres, enfin, le transfert de technologie permet la pénétration de marchés d'accès difficile grâce à l'appui de partenaires très familiarisés avec les spécificités locales.

Mais, d'une façon générale, rares sont les entreprises qui font de la cession des technologies une stratégie de valorisation de leur savoir ou d'accompagnement de leur stratégie internationale (voir p. 177).

Il s'agit d'une question d'importance croissante, car, s'il est difficile de prévoir comment évolueront les échanges internationaux en raison du déséquilibre profond des balances de paiement et des turbulences des monnaies fortes, du moins peut-on avancer que, dans les échanges internationaux, la part du négoce des technologies (ventes, achats, trocs) connaîtra un développement important. Déjà, de nombreuses grandes entreprises exportant des systèmes (armes, aéronautique, télécommunications...), ou réalisant des usines à l'étranger sont confrontées au délicat problème de la compensation, elle leur impose de faire appel à des sous-traitants locaux (qui doivent, bien sûr, acquérir un savoir-faire) ou, à défaut, de favoriser le développement d'industries locales dans d'autres champs d'activités. Ainsi les sociétés d'ingénierie, qui réalisent de grands ensembles dans des pays comme le Brésil ou l'Inde, sont conduites à s'associer avec un cabinet local, ou à en implanter un, à lui confier une partie de ses travaux, et ainsi de créer des emplois. Les industries automobiles qui ont implanté des usines de montage, au Maghreb notamment, se sont engagées à participer au développement de la sous-traitance, donc du tissu industriel local.

On peut d'ailleurs penser que l'irrésistible développement industriel de certains pays du tiers monde imposera de plus en plus aux entreprises qui voudront y maintenir leur présence, ou les pénétrer, de passer par une forme quelconque de coopération industrielle. D'ores et déjà certaines ont compris le parti qu'elles pouvaient tirer d'une telle démarche : un pays comme la Tunisie, par exemple, permet souvent d'assurer un relais vers les autres pays arabes.

D'autres enfin ont pu constater que la vente de technologies vers des pays développés pouvait très largement compenser leurs propres frais de développement, telle cette PMI du nord de la France qui, grâce à la cession de sa technologie aux États-Unis, a pratiquement doublé ses propres moyens de fabrication ; le dialogue avec ses partenaires américains l'a conduite en outre à mettre au point des variantes de son produit initial et à entrevoir ainsi de nouvelles perspectives de développement.

En définitive, le transfert de technologies devient un moyen de dynamiser la demande, d'étendre le marché vers d'autres produits, de créer de nouveaux courants d'affaires.

## L'intégration des fonctions, clé de l'optimisation

Comme on le voit, la démarche d'optimisation peut se révéler un puissant facteur de dynamisme, puisqu'elle incite à la multiplication des activités et à la mobilisation des cadres et techniciens. A condition toutefois que ces réflexions soient conduites dans un souci de large participation des hommes de la technique, du marketing et de la gestion, et sollicitent autant les jeunes que les anciens.

Un bel exemple de réussite sur ce plan est fourni par une entreprise de transformation métallurgique spécialisée dans les aciers spéciaux devenue leader dans la fabrication des aciers à mémoire.

Le secret de cette entreprise ? Un effort pour maximiser l'emploi de son patrimoine de ressources technologiques. A tous les niveaux de la réflexion stratégique se trouve toujours le trio des responsabilités : recherche, fabrication, commercial. Tous les projets sont managés conjointement par les trois fonctions alors que, dans la plupart des entreprises, les relations entre les trois sont conflictuelles. Ici, la coresponsabilité du patrimoine technologique supplante le conflit et génère une solidarité qui inspire tous les personnels à tous les niveaux.

Ainsi la capacité d'innovation exceptionnelle de cette entreprise s'explique-t-elle par le fait que les chercheurs, loin de travailler pour eux-mêmes ou dans l'isolement, sont incités par les hommes du marketing et de la production et coopèrent avec eux ; l'intégration des fonctions est aussi complète que possible, elle est la clé de l'efficacité de la recherche et de l'optimisation des ressources technologiques de l'entreprise.

# CHAPITRE V

## *L'enrichissement*

L'enrichissement du capital technologique de l'entreprise est, comme l'optimisation de sa mise en valeur, une fonction essentiellement dynamique du Management des Ressources Technologiques : il débouche pareillement sur une multiplication des activités et sur une mobilisation du personnel.

Une fois encore, la comparaison avec les actifs matériels de l'entreprise est riche d'enseignements. En effet, l'existence de procédures d'amortissement permettant le renouvellement ou l'accroissement de l'outil de travail a sensibilisé les chefs d'entreprise, s'ils ne l'avaient pas été naturellement, à la nécessité de prendre en considération les conséquences techniques et financières de son inévitable obsolescence – quelles qu'en soient les raisons. Mais ces procédures ne concernent pas ces actifs immatériels que sont, par exemple, les savoirs : certains risquent alors d'oublier que les technologies d'aujourd'hui seront dévaluées dans quelques années quand des technologies nouvelles les auront remplacées, que les connaissances acquises aujourd'hui seront dépassées dans un laps de temps inférieur à la durée d'une vie professionnelle.

Quand bien même aucune disposition comptable ne l'y porte, l'entreprise doit avoir présente à l'esprit la nécessité de ne pas laisser s'éteindre par épuisement son capital technologique. Elle doit en contrôler périodiquement le potentiel, vérifier qu'il s'est, au pire, maintenu et, si possible, accru. Elle doit en outre définir une stratégie de renouvellement de ces actifs immatériels.

## Acquisitions de technologies

C'est en général à la recherche qu'elle fera appel en premier lieu : recherche interne assurée par ses propres équipes ; recherche externe, plus rarement, par contrat avec d'autres laboratoires.

Ce faisant, l'entreprise méconnaît l'importance essentielle qu'il convient d'attacher aux possibilités offertes par l'acquisition de technologies, qu'elles viennent de la même industrie ou d'une industrie très différente : certains auteurs n'estiment-ils pas que plus de 75 % des innovations proviennent d'un transfert d'industrie à industrie ?

Il est intéressant de noter à cet égard les réflexions d'une grande entreprise américaine du secteur chimique, l'U.S. Chemical Company[8] :

« Nous achetons souvent des licences à d'autres entreprises ; nos décisions reposent sur des critères de délais ou sur des critères de coûts. En effet, il faut environ cinq à sept ans pour développer un procédé depuis l'idée initiale jusqu'au stade de la commercialisation ; or certaines opportunités nécessitent de notre part des réactions rapides. Par ailleurs, l'achat d'une technologie déjà développée comporte moins de risques et d'incertitudes de délai et de réussite qu'une recherche dont les résultats sont souvent aléatoires ; le bilan est souvent à l'avantage de l'acquisition. Il est préférable de consacrer des ressources de Recherche et Développement à des sujets pour lesquels on a un sérieux espoir d'acquérir un avantage compétitif significatif, ou pour lesquels il n'existe pas de licences disponibles à l'achat. »

Il est juste de dire que l'acquisition peut présenter des inconvénients, dont les moindres ne sont pas son caractère de non-exclusivité et la dépendance créée vis-à-vis des bailleurs ; mais *a contrario*, puisque ces technologies sont disponibles à la vente, il est peu probable qu'en les développant elle-même l'entreprise puisse bénéficier, de ce fait, d'un quelconque avantage.

Quoi qu'il en soit, acquérir ou développer soi-même constitue les termes d'une alternative de la politique de recherche ; la décision ne peut relever de son seul responsable du développement, mais de la direction générale elle-même. D'autant que, assez généralement, les acquisitions s'inscrivent dans une politique générale des relations de l'entreprise avec le marché de la technologie ; c'est ainsi que les réserves qu'un concurrent pourrait émettre à l'encontre d'une demande de savoir-faire peuvent parfois être levées grâce à des échanges croisés de licences. En s'enrichissant tous deux, les concurrents, partenaires d'occasion, contribuent à soutenir ensemble le développement de leur marché global.

Pour terminer, citons aussi cette autre voie d'acquisition qu'est le recrutement de spécialistes expérimentés dans le domaine concerné, voire même si, et parfois surtout, ils ont exercé leurs spécialités dans un contexte industriel différent.

### Mais aussi la vente des technologies

Du point de vue qui nous intéresse ici, la cession de technologies ne doit pas être prise en considération seulement parce qu'elle peut devenir une monnaie d'échange ; elle constitue aussi, en elle-même, une source d'enrichissement.

La première raison tient au fait qu'on ne peut envisager de vendre une technologie sans, d'abord, jeter sur elle un regard critique : préciser, formuler le savoir, après l'avoir, si nécessaire, actualisé ; enfin, en évaluer la compétitivité avant de le mettre sur le marché. Pour mettre en évidence des problèmes à résoudre et susciter des améliorations, une très importante entreprise américaine de produits alimentaires avait demandé à un conseil extérieur de l'aider à dresser la liste de ses technologies cessibles. A la suite de quoi elle entreprit de faire le marketing d'une douzaine d'entre elles... Elle n'eut guère de succès, mais, ce faisant, elle identifia non pas des points faibles, mais des atouts dont elle n'avait pas réellement conscience, à partir desquels elle a développé de nouveaux axes d'activité.

De même, les recherches faites pour adapter au contexte local, économique, climatique, culturel ou autre, les technologies à transférer suscitent des réflexions qui peuvent constituer pour les technologies à venir une source importante d'innovation – par exemple pour les adapter aux contextes nouveaux imposés par la lutte contre les nuisances.

Une autre illustration peut être donnée par cette entreprise moyenne, dont les produits étaient compétitifs sur le marché international, où elle occupait une place enviable. Forte de ce qu'elle pensait être une position solide, sensibilisée au fait que le transfert de technologie était une voie de pénétration dans certains marchés, elle décida de répondre à l'appel d'offres d'un pays de l'Est. Quelle ne fut pas sa surprise de se voir poussée dans ses retranchements sur les conditions très précises d'exploitation d'une phase, d'ailleurs essentielle, du procédé de fabrication. Ces questions prouvaient à l'évidence que l'offre des concurrents – il s'agissait de Japonais – présentait sur ce point un atout qui se montra probablement décisif dans le choix définitif de l'acheteur. Cette entreprise a toujours considéré que les frais exposés par elle avaient été largement compensés par les informations précieuses recueillies à cette occasion.

Mais on peut avancer un autre motif de s'intéresser à la vente des technologies pour accroître le patrimoine. La compétitivité actuelle des produits est la résultante d'un niveau de performance et d'un prix de vente. La compétitivité future sera la résultante des efforts actuels de Recherche et Développement pour améliorer les performances et la marge d'exploitation ; le potentiel technologique actuel de l'entreprise l'annonce en quelque sorte, la porte en germe. Une confrontation avec les concurrents sur le marché des technologies est donc un moyen puissant pour détecter les conditions probables de la compétitivité de demain ; le bénéfice que l'entreprise en tire est parfois plus décisif que son résultat financier.

Cela illustre une fois encore l'importance stratégique que les directions générales doivent accorder à la politique de présence sur le marché des technologies en raison de ses multiples implications ; elle montre aussi que, en matière de brevet, c'est peut-être moins la balance commerciale qui doit retenir l'attention que le volume des échanges, tant à l'importation qu'à l'exportation.

## La confrontation et le brassage des expériences et des cultures

L'exemple précédent illustre le rôle de l'information technologique (recueillie, ici, lors des préliminaires d'une cession qui n'a pas eu lieu) dans le processus d'innovation, pour la recherche de meilleures performances des produits comme des procédés. S'agissant d'idées ou de technologies provenant d'autres industries, cette confrontation est souvent un facteur très dynamique d'enrichissement du patrimoine technologique de l'entreprise. C'est pourquoi certaines entreprises font en sorte que, dans le cadre de leur programme de formation, leurs ingénieurs participent régulièrement à des conférences sur l'état de la technologie dans des domaines qui, en première analyse, sont étrangers à ceux qui les concernent. Ces contacts avec des spécialistes leur permettent d'actualiser des connaissances de base acquises sur les bancs de l'école, de rénover, en l'élargissant, leur potentiel technologique, de favoriser l'épanouissement de leurs capacités d'innovation.

L'importance qu'il convient d'attacher au recueil de l'information externe pour stimuler le dynamisme innovateur de l'entreprise justifie que nous y revenions de façon plus précise dans le chapitre sur la « veille technologique ». Mais on en limiterait singulièrement l'efficacité si une importance au moins équivalente n'était pas accordée à la gestion du flux d'informations scientifiques et technologiques au sein même de l'entreprise. En effet, on estime assez généralement que, sur cent idées innovatrices émises par les collaborateurs d'une entreprise, les deux tiers ont été inspirées par leurs contacts avec les fournisseurs et les clients, un tiers par leur expérience ou leurs lectures. Encore faut-il, pour saisir et formuler une idée, un certain état d'esprit de curiosité, d'opportunité, de créativité. L'entreprise doit entretenir cet état d'esprit en mobilisant ses cadres autour des thèmes de l'innovation, de la compétitivité, de la qualité, de la valorisation des ressources technologiques, et faire en sorte que ses objectifs et ses orientations générales soient largement perçus.

La gestion du flux interne des informations technologiques et scientifiques est donc un élément essentiel pour l'enrichissement du patrimoine de l'entreprise. Sans anticiper outre mesure sur le chapitre suivant, livrons quelques observations.

Toutes les études concordent pour admettre qu'une minorité seulement des innovations réussies ont une origine strictement technologique : la plupart proviennent des besoins exprimés par la production ou des demandes, réelles ou latentes, du marché. Il est difficile d'apprécier la signification de ce constat : est-il l'indice que l'exploitation des possibilités du progrès technologique constitue une mauvaise base de départ pour réussir une innovation ? Ou tout simplement que le souci de valoriser au mieux le potentiel technologique n'est pas aussi présent dans la stratégie de recherche qu'on pourrait l'imaginer ? Mais le fait est là, il incite à penser que l'innovation nécessite une sollicitation forte. Dans la pratique, en effet, à l'origine de la plupart des innovations réussies, on trouve les hommes les plus ouverts sur l'environnement et les plus confrontés aux exigences de la compétitivité.

L'innovation est peut-être donc moins l'affaire de techniciens que celle de managers à qui il appartient de veiller à ce que la science des experts vienne enrichir l'expérience et les connaissances des hommes de marketing, pour que le meilleur parti soit tiré des possibilités d'innovation d'origine technique. A ces hommes de marketing, les chercheurs doivent communiquer les promesses de la technologie, d'une manière informelle mais permanente, en dehors du cadre précis d'un programme ou d'un objectif à atteindre : aucune fécondation n'est possible sans ce côtoiement familier.

Si l'on en croit Thomas Allen[9], professeur au MIT, un nouveau champ de réflexion s'ouvre de ce fait aux experts de la communication, psychosociologues et architectes. Ses études approfondies sur l'efficacité de la communication scientifique et technique à travers les organisations, notamment les grands organismes de recherche, ont mis en évidence que la probabilité d'échanges verbaux entre deux personnes est extrêmement sensible à leur proximité géographique. Cette probabilité n'est grande que jusqu'à 10 mètres. Au-delà, elle chute brutalement et reste d'une égale faiblesse jusqu'à 100 mètres ; l'effet n'est atténué que si ces deux personnes travaillent dans une même spécialité, et, mieux encore, sur un même projet.

Ces études remettent en cause la localisation des salles de réunion – leur excentricité doit être recherchée, car elle favorise les rencontres informelles ou occasionnelles – ainsi que les implantations sur deux ou trois niveaux.

Que dire alors des entreprises qui mettent un soin jaloux à placer leurs chercheurs dans le ghetto confortable d'un laboratoire sans aucun point de contact naturel avec les autres fonctions de l'entreprise, et singulièrement la fonction marketing ?

## Organisation par spécialité ou par projet ?

Ces observations sur l'enrichissement par le brassage des cultures, des expériences, des idées, ne sont pas sans conséquences sur le fonctionnement de certaines grandes équipes de recherche. En effet, l'efficacité des communications entre chercheurs travaillant au même projet est un des gages de leur réussite ; or elle dépend de deux facteurs : l'organisation des équipes et la durée du projet.

Deux types d'organisation sont possibles : par spécialité ou par projet. La première, dans laquelle les divers experts apportent à la demande leur contribution, est mieux adaptée à la performance technique et doit être préférée pour les projets de courte durée ou relatifs à des domaines où les connaissances de base évoluent vite. En revanche, le regroupement des chercheurs en équipes permanentes, plus efficace pour assurer la gestion du projet, devra être préféré si le projet est prévu pour durer.

Mais il semblerait que, quels que soient leur nature ou leur objet, de telles équipes ne sont très performantes que pendant les trois ou quatre premières années de leur existence. Car, au fur et à mesure que le temps passe, l'équipe est de moins en moins ouverte à de nouvelles idées et cherche plutôt à approfondir des domaines de plus en plus étroits.

C'est pourquoi, pour éviter un enrichissement moindre des grands projets, il peut être utile de créer un turn-over artificiel qui renouvelle périodiquement les équipes à la manière du Sénat et assure le brassage voulu ; c'est une pratique très fréquente dans les grandes entreprises japonaises. Les performances des équipes travaillant sur des projets de longue durée dépendent alors de la capacité du chef de projet (qui, lui, doit, si possible, être maintenu) à gérer ce turn-over.

Les réflexions sur la gestion des ressources humaines dans le cadre des projets doivent *a fortiori* être extrapolées à ce vaste projet que constitue l'ensemble de la recherche de l'entreprise. Les délais entre la recherche fondamentale et l'application technologique s'amenuisent sous l'effet des diverses turbulences que nous avons déjà évoquées, ce qui justifie aussi un brassage des chercheurs et des ingénieurs ; en application de ce principe, certaines grandes entreprises gèrent avec un soin particulier la rotation des chercheurs « professionnels » entre leur laboratoire central et les centres techniques décentralisés dans les unités, ainsi que celle des ingénieurs entre ces centres et les unités de production, et même, parfois, les fonctions de marketing.

Toutes les observations que nous venons de faire sur le brassage des expériences et la confrontation des informations mettent en évidence le rôle de l'innovation dans l'enrichissement du patrimoine technologique, non seulement de l'Innovation avec un grand I, celle des sauts technologiques majeurs, mais aussi le rôle de l'innovation quotidienne, celle qui reflète les capacités d'adaptation de l'entreprise. L'enrichissement, dans ces conditions, ne peut être le fait de telle ou telle fonction, recherche, production, marketing, ni même le fait de tel ou tel individu, mais bien celui de la structure dans son ensemble : il concerne donc le management à son niveau le plus élevé. D'abord, parce qu'il lui appartient de gérer le flux des informations, qui, telles les abeilles, féconderont de nouvelles richesses technologiques, ensuite, parce qu'il est seul à pouvoir atténuer, sinon éliminer, les facteurs qui empêchent cette fécondation d'aller jusqu'à son terme et de porter ses fruits.

## Le blocage de l'innovation

Il sortirait de notre propos de développer ici le problème des blocages à l'innovation, bien qu'il faille le situer parmi les plus importantes préoccupations du Management des Ressources Technologiques. Un point mérite cependant d'être mentionné ; il concerne le comportement de beaucoup de techniciens, ingénieurs ou chercheurs qui ne sont pas naturellement « réactifs » aux informations qui atteignent leur rivage. Certains parfois les rejettent : c'est le fameux syndrome de « *not invented here* ».

Mais si des objectifs de progrès ont été clairement formulés, par exemple à partir d'une évaluation des potentiels technologiques de l'entreprise, ou à l'occasion d'une réflexion sur la stratégie de diversification, si les technologues se sentent explicitement conviés à apporter leurs contributions au développement stratégique de l'entreprise, alors leur capacité d'innovation saura se mobiliser. Encore faut-il qu'ils aient l'assurance que leurs idées ne seront pas étouffées dans l'œuf presque systématiquement, faute par exemple que toutes leurs potentialités aient été évaluées ; c'est souvent le cas lorsque les critères d'appréciation sont au départ trop économiques – ce qui trahit surtout la crainte des incertitudes, le refus de prendre certains risques, l'incapacité éventuelle des directions à identifier les quelques bonnes idées parmi toutes celles qui sont présentées. Donner leurs chances, internes ou externes, aux idées, ce n'est pas se lancer les yeux fermés dans l'aventure ; ainsi, un risque ne se finançant pas, on peut l'assurer par la mise en œuvre d'un processus de développement progressif et contrôlé des innovations dont les étapes critiques seront parfaitement définies (voir complément n° 4). *A contrario*, combien de projets séduisants ont échoué pour avoir été développés, « pour se faire plaisir », en dehors de tout processus contrôlé et ont, sans le savoir, franchi à tort cette première étape de contrôle (pré-faisabilité) où l'échec est le moins onéreux – qui devrait être précisément accessible à toute idée « raisonnable ».

Pour surmonter ces différents blocages, certaines grandes entreprises ont mis en place des comités d'assistance au développement de l'innovation, dont les missions peuvent être aussi variées que : définir les grands objectifs du progrès, accueillir les idées, aider leurs auteurs à les formuler et à les « vendre » auprès de la hiérarchie, leur trouver des structures de développement interne ou externe, suivre leur engagement dans le processus contrôlé, veiller à la bonne irrigation de la structure par un flux d'information technique, etc.

Mais il ne peut y avoir véritable enrichissement que si une attention particulière est accordée à cette part la plus importante du patrimoine technologique de l'entreprise que constituent les ressources humaines : politiques de recrutement, de formation, d'information, de mobilisation des capacités d'innovation, qui relèvent très généralement de la responsabilité du Management des Ressources Humaines, mais dont elles ne peuvent, à l'évidence, être l'apanage exclusif. Nous les avons évoquées au passage, nous y reviendrons dans la 3e partie de l'ouvrage.

De même, quelles que soient les voies suivies pour enrichir le patrimoine technologique, il n'y a véritable enrichissement que dans la mesure où le savoir est capitalisé, protégé, accessible, et transmissible ; c'est l'objet de la constitution des fonds documentaires que nous évoquons dans le chapitre VI.

Mais, auparavant, revenons à ce facteur essentiel pour le développement de l'innovation qu'est le système d'information de l'entreprise.

# CHAPITRE VI

## *La surveillance*

Lors d'un récent voyage organisé au Japon par Eurèquip dans le cadre de l'OMA (Observatoire du management avancé)* pour étudier les moyens et méthodes mis en œuvre par des entreprises de ce pays pour réagir aux sollicitations de l'environnement, un des directeurs adjoints de la NEC (Nippon Electric Company), qui produit 7 millions de microprocesseurs par mois, exposait les modes d'organisation des services de Recherche et de Développement de sa société, et leurs relations avec les services de marketing. Comme il ne faisait aucune allusion aux moyens mis en œuvre pour collecter et traiter les informations sur l'environnement, la remarque lui en fut faite ; il répondit : « Si vous me demandez ce que j'ai fait de plus important hier, je ne vous répondrai pas, tellement c'est naturel, "j'ai respiré".

---

* Association créée et animée, depuis le début des années 1980, par les groupes Euréquip et *L'Expansion*.

Cette boutade traduit le fait que pour les Japonais, avides, depuis l'époque Meiji, de connaître tout ce qui se fait ailleurs, et singulièrement à nouveau depuis la fin de la dernière guerre, l'information est, comme la respiration, dans la nature des choses ; ils lui vouent un véritable culte. Chaque Japonais à l'étranger en est le prêtre ; il y a quelques années, un journal relatait que le groupe Mitsui recevait chaque jour plus de 40 000 télex du monde entier (près d'un million par mois).

La capacité des Japonais à tirer parti de toute information publiée, puis à regrouper ces informations dispersées, est stupéfiante.

Alors que j'étais directeur d'usine, il y a près de vingt ans, nous avions organisé avec des industriels japonais une série de visites réciproques d'ateliers spécialisés dans la transformation des alliages d'aluminium.

A ce titre, je devais recevoir une délégation d'ingénieurs, et leur avais demandé de m'adresser une liste des sujets qu'ils souhaitaient aborder durant leur visite. Ils me firent parvenir quatre pages de questions sur la fonderie de l'usine ; leur précision était telle que si un stagiaire, après un séjour de deux mois, m'avait fourni un travail semblable, il aurait fait preuve d'excellentes qualités d'observation. Or nos amis japonais n'avaient rien eu d'autre sous les yeux que des informations publiques, notamment les catalogues de fournisseurs de matériels, des articles de la presse locale et de revues spécialisées.

Des estimations très sérieuses chiffrent les sommes que les Japonais consacrent à l'information technologique à 1,5 % du chiffre d'affaires global des entreprises.

L'importance de ce pourcentage, les faits rappelés plus haut, expliquent pour une large part la maîtrise de l'industrie japonaise sur un certain nombre des technologies les plus importantes. On est en droit de s'interroger, pour s'en inquiéter, sur l'extraordinaire négligence, voire le laxisme, en la matière des entreprises occidentales, d'autant plus préoccupant qu'il s'agit moins d'un problème « technique », dont la solution est mécanique, donc accessible par la volonté, que d'un problème de nature véritablement culturelle.

Or, pour beaucoup d'entreprises, la capacité de détecter les menaces provenant du front technologique, ou d'intégrer les technologies nouvelles, ou simplement, comme nous l'avons vu, d'accueillir l'information externe et de l'exploiter pour favoriser l'innovation, peut être une affaire de survie ; rappelons-nous le cas de l'horlogerie.

Cela est vrai non seulement pour les grandes entreprises, mais aussi pour les P.M.I., beaucoup moins bien armées pour collecter, puis traiter, le flux des informations qui leur sont nécessaires.

Le retard culturel peut-il être rattrapé ? Je ne saurai l'affirmer. Mais il est de la responsabilité des dirigeants d'entreprendre tout ce qui est en leur pouvoir pour s'y efforcer ; ils doivent mobiliser les ressources nécessaires, humaines principalement, pour collecter les informations technologique et marketing, puis les trier — c'est-à-dire identifier, à travers un bruit de fond important, celles qui ont une importance significative pour le développement, et parfois pour la pérennité de l'entreprise — enfin les gérer et en maîtriser le volume, car l'excès peut être aussi dommageable que l'insuffisance.

Volonté de recherche, systématisme de la collecte, intelligence de l'exploitation, telles sont les règles de tout système efficace de gestion de l'information.

## La veille technologique

La veille technologique organisée est le témoignage de cette volonté déterminée de surveiller l'environnement technologique de l'entreprise à des fins stratégiques, de détecter les menaces qui, intelligemment anticipées, peuvent parfois être transformées en opportunités d'innovation ; elle implique aussi, pour en exploiter les résultats, l'existence d'un système interne d'informations approprié et, plus généralement, pour reprendre l'expression du S.R.I., la mise en place d'un « Business Intelligence System » (BIS) dont le système d'informations technologiques est une des importantes composantes.

L'idée-force soulignée par le S.R.I. est que, tout étant relié à tout du fait de la complexité croissante de l'environnement, il n'y a pas *a priori* de signal sans signification. Plus tôt l'entreprise détecte le moindre signal

**FIGURE 11**

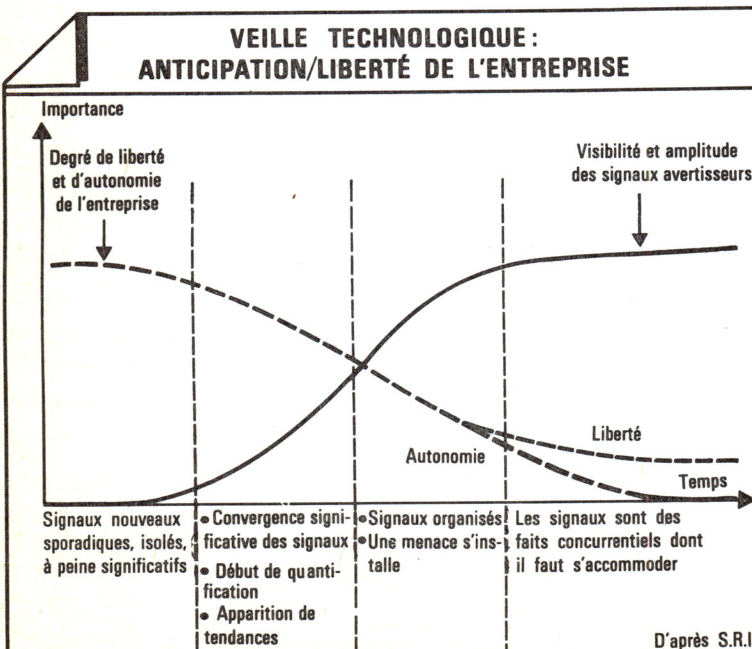


*A partir d'un certain seuil, l'entreprise perd son autonomie face à l'événement, mais elle garde, pendant un certain temps, la liberté soit de s'associer, soit d'abandonner, etc.*
*(D'après SRI)*

d'alerte d'un changement de l'environnement, plus nombreux sont les paramètres de liberté dont elle dispose pour réagir ; *a contrario*, plus les signaux sont multiples, visibles et convergents, moins il reste à l'entreprise de possibilités d'action (figure 11).

Par ailleurs, pour gérer l'incertitude – notre seule certitude –, il est préférable de disposer du plus grand nombre possible d'éléments de scénarios, donc de préférer la vigilance à la prévision, car elle est plus réaliste ; les ruptures de l'environnement pénaliseront lourdement ceux qui se laisseront surprendre.

Le système de surveillance joue ainsi le rôle d'une assurance dont il faut payer la prime : son objectif est de préserver des mauvaises surprises, d'anticiper les menaces et les opportunités pour mieux les gérer ensuite, de gagner du temps sur les événements et sur les concurrents.

Mais alors, que faut-il surveiller ? En principe, tout – réponse qui peut donner le vertige s'il est vrai que, en raison de l'interdépendance des événements techniques et économiques comme des forces politiques et sociales, tout, *a priori*, peut être signal contingent pour l'entreprise.

Au surplus, les menaces ou les opportunités peuvent concerner les procédés aussi bien que les produits et leurs applications, les marchés dans le voisinage concurrentiel de l'entreprise aussi bien qu'en dehors.

Pour des raisons évidentes de coût, de bruit de fond et d'encombrement, les entreprises devront, dans leur quasi-totalité, se résigner à un choix préalable des zones à surveiller de façon prioritaire. C'est ce que le S.R.I. appelle le « *scanning* » (balayage général), précédant le « *monitoring* » par lequel, après détection d'un premier signal d'alerte, la surveillance se focalise sur la zone précise d'intérêt ainsi identifiée. En tête de ces zones viendront, classés par immédiateté de leur impact, les changements technologiques pouvant avoir une influence sur les procédés et leur compétitivité (coûts, performances), sur les produits (donc sur les produits concurrents assurant les mêmes fonctions), sur leurs applications, sur les débouchés de celles-ci.

Mais cette zone de surveillance sera bien évidemment encore trop vaste. Il faudra la restreindre en concentrant l'effort sur les priorités stratégiques de l'entreprise et sur les points-clés de sa compétitivité, là où une remise en cause de ses atouts ou des attraits de ses marchés pourrait être stratégiquement déterminante ; ces choix relèvent du niveau le plus élevé de la hiérarchie.

La veille technologique apparaît ainsi comme un outil mis au service d'une réflexion stratégique qui a le souci de définir les facteurs critiques à surveiller ; nous sommes loin de la simple documentation.

### Sources écrites ou sources orales ?

Les voies d'entrée traditionnelles des informations sont variées ; nous avons déjà évoqué le parti qu'une entreprise peut tirer à cet égard d'une confrontation avec la concurrence sur le marché de la technologie.

Les sources les plus traditionnelles se présentent sous la forme verbale des contacts avec l'extérieur ou sous la forme écrite de la documentation scientifique et technique.

La technologie étant définie comme l'art d'exploiter dans des conditions locales et spécifiques les connaissances techniques et scientifiques générales, les meilleures sources d'informations technologiques sont en fait les sources verbales. Car l'écrit peut être un support efficace de transmission du savoir, mais non du savoir-faire. Seul l'échange direct – ou l'exemple – permet d'ajuster l'information donnée à la culture et aux préoccupations du receveur.

Les archéologues en font en permanence l'expérience lorsque, n'ayant d'une technologie que sa trace historique, ils sont réduits à des hypothèses pour en identifier l'usage. Hypothèses, les interprétations sur les flèches retrouvées dans certains gisements sahariens : leurs pointes recourbées servaient-elles bien à la pêche, leur courbure corrigeant l'indice de réfraction de l'image dans l'eau ? Hypothèses, celles relatives aux trois boulets percés d'un trou retrouvés au pied des maisons troglodytes, toujours au Sahara : servaient-ils à lester des lianes qu'on lançait du bas de la falaise pour grimper jusqu'aux grottes, inaccessibles par d'autres voies ?

Mêmes observations dans le domaine industriel : les Soviétiques n'ont jamais réussi à exploiter l'avion supersonique dont ils n'avaient que les plans copiés en Occident ; les porcelainiers français du XVII^e^ siècle ont dû travailler pendant plusieurs décennies avant de savoir fabriquer et mettre en œuvre la pâte dure dont les Chinois inondaient le marché.

L'entreprise doit donc s'efforcer de multiplier les occasions de recueillir des informations verbales. Malheureusement, il faut pour cela des disponibilités de temps non négligeables de la part de cadres de haut niveau. Très peu d'entreprises, notamment de PMI, peuvent y prétendre ; parmi les plus importantes, celles qui consacrent explicitement un budget à ces contacts sont rares. Citons comme une exemplaire exception cette grande entreprise métallurgique européenne dont un des directeurs de haut niveau a consacré l'essentiel de son temps, pendant de nombreuses années, à parcourir le monde des congrès et des expositions pour entretenir un réseau de relations, écouter et faire parler.

Cette difficulté à créer et à entretenir des points de contact en nombre suffisant explique que les documents écrits restent les sources d'informations officielles les plus usuelles, à défaut d'être les plus efficaces, si on en juge par l'expérience vécue dans les entreprises.

Peu nombreuses sont, en effet, celles qui peuvent se déclarer satisfaites de leur système d'information et de documentation : modalités de circulation et de dépouillement, résumés, rédaction des choix des mots-clés (thésaurus), archivage, sont soit fréquemment remis en cause, soit gelés en l'état par résignation. En réalité, comme Thomas Allen[9] l'a montré dans ses enquêtes, les ingénieurs lisent peu, même dans les laboratoires de recherche ; d'après lui, 80 % de l'information qu'ils recueillent leur parviennent par voie orale.

## Les barrières des comportements

Pressentie plus que mesurée, cette faible efficacité des systèmes d'information et de documentation mérite réflexion si l'on veut mettre en œuvre une véritable veille technologique.

Une première explication de cette relative inefficacité tient dans l'existence de comportements qui, assez généralement répandus, constituent des barrières à l'entrée de l'information externe.

D'abord, tous les individus ne sont pas naturellement portés à « écouter », et restent relativement peu sensibles à des sollicitations externes qui ne les concernent pas directement, sauf pour se valoriser ou pour se défendre contre une menace perçue comme personnelle.

Ensuite, parmi les individus réceptifs, certains ne sont absolument pas portés à rediffuser les informations reçues, comportement naturel, spontané, mais parfois comportement délibéré en raison d'une conception erronée du pouvoir : ils se considèrent propriétaires de l'information dont ils sont détenteurs, attitude totalement étrangère à celle que l'on prête aux Japonais, aux yeux desquels toute information recueillie appartient d'abord à son entreprise.

Par chance, comme Th. Allen l'a montré, il existe dans toute organisation des individus particulièrement sensibles à l'information externe et singulièrement soucieux de la rediffuser auprès de ceux qui, dans la structure, sont susceptibles d'être concernés (au besoin, en leur suggérant le bon usage qui pourrait en être fait).

Un de mes collaborateurs était un exemple extraordinaire (et excessif) d'un tel comportement : il passait ses week-ends à lire une volumineuse documentation, puis sa secrétaire consacrait deux journées à en assurer la diffusion auprès de multiples destinataires ; il allait jusqu'à prendre en considération les sujets d'intérêt strictement privé de certains d'entre eux... !

Th. Allen désigne ces individus sous le nom de « *technological gatekeepers* ». Ils se caractérisent par leur haut niveau technologique, leur position moyenne dans l'organisation ; leur fonction leur confère en général une bonne visibilité à l'intérieur comme à l'extérieur. Leurs contacts extérieurs sont d'autant plus développés qu'ils ont été employés dans les services de recherche d'autres organisations. Les identifier n'est pas aisé ; on peut y parvenir en explicitant le système de communications internes : qui parle à qui, au sein de l'organisation, en matière scientifique et technologique ?

La figure 12 montre le réseau des communications ainsi mises en évidence par Th. Allen dans un grand laboratoire[9].

A la vue d'un tel réseau, avec ses sources rayonnantes, mais aussi avec ses « puits » (au sens plus mathématique que physique du mot), où tout entre mais d'où rien ne sort, ses clans, réduits parfois à un individu isolé, on doit d'abord s'interroger sur les risques que, par ignorance de leur existence, des restructurations font courir à l'équilibre et à l'efficacité de ces « info-systèmes » transmetteurs de connaissances et générateurs d'idées nouvelles ; on doit aussi s'interroger sur la possibilité véritable de bâtir un système d'information-communication sans tenir compte des comportements individuels.

Mais, comme nous l'avons souligné, certains de ces comportements peuvent évoluer vers une plus grande réceptivité et une plus grande participation au système d'information si le souci de la veille technologique est répandu au sein de l'entreprise : la mise en éveil à l'égard

UN RÉSEAU DE COMMUNICATIONS TYPIQUE DANS UN GRAND LABORATOIRE R et D

**FIGURE 12**

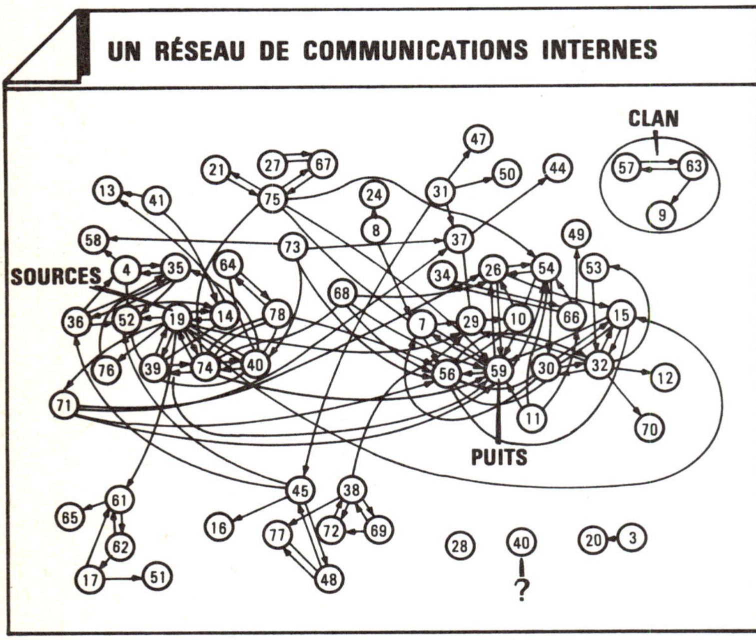


(*D'après* **Managing the Flow of Technology**, *de Th. J. Allen*. — **Réf. 9**).

*On constate que (59) est un puits vers lequel convergent des informations mais d'où rien ne ressort, que (19) est une source diffusante d'informations, que des* clans *se sont constitués qui s'auto-suffisent. Quant à (40), on peut s'interroger sur ses activités.*

de l'environnement et des menaces qu'il recèle, la connaissance claire des axes de développement stratégiques de l'entreprise sont, en effet, de nature à favoriser le franchissement des barrières de comportement.

## La barrière des encombrements

Une autre barrière à l'efficacité d'un système d'information – qui rend la source écrite difficile à gérer – est l'abondance des documents publiés. Le nombre des revues scientifiques et techniques croît de façon exponentielle depuis plusieurs années. Celui des revues bibliographiques, les revues des revues, suit une évolution parallèle (illustration 13). Dans cette masse de données, ponctuelles et aléatoires, trier celles qui intéressent le devenir de l'entreprise est un travail redoutable, sauf s'il s'agit d'un créneau isolé, hautement spécialisé, bien suivi par les experts. Prendre du recul à l'égard de cette nuée, immense et diffuse, pour en détecter les tendances, ce qui est souvent plus important pour l'entreprise que telle ou telle information ponctuelle, exige une clairvoyance et un esprit de synthèse peu communs ou des moyens très importants. D'autant que, dans un environnement en pleine mouvance, les décideurs doivent disposer au plus tôt des informations utiles afin de pouvoir engager immédiatement les adaptations nécessaires.

**FIGURE 13**

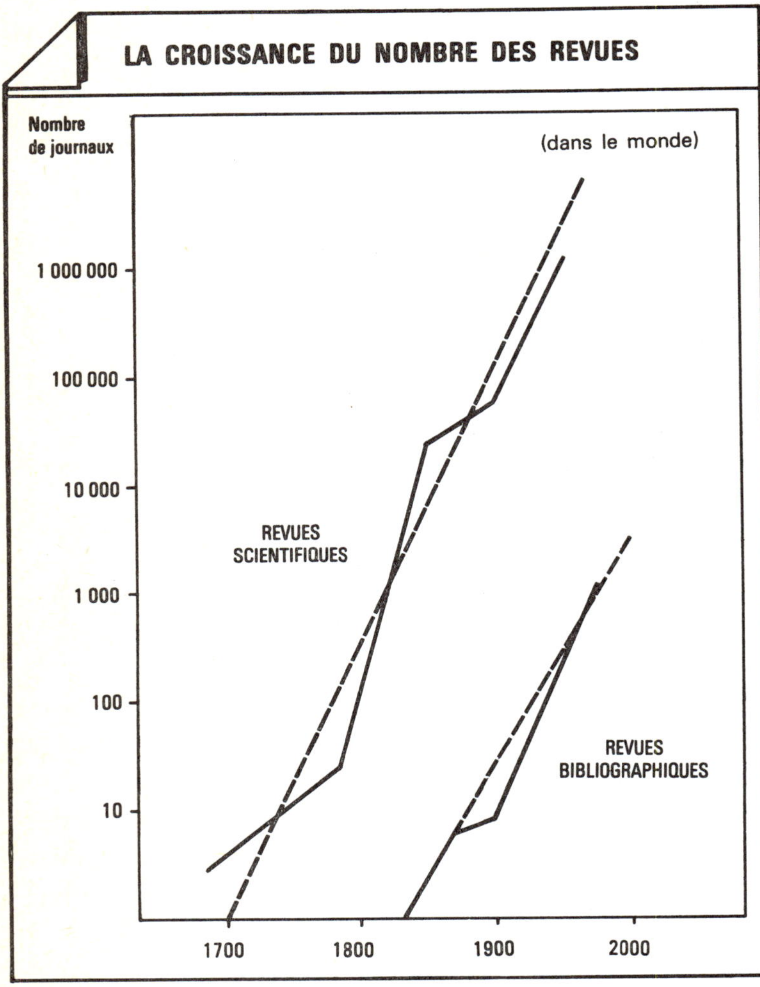


Dans ces conditions, et compte tenu des exigences nouvelles de la veille technologique, on est en droit de penser que les systèmes d'information traditionnels ont atteint leurs limites. Les directions générales feraient probablement courir un grave danger à leur entreprise si elles ne faisaient pas leur affaire personnelle de la remise en cause vigoureuse de moyens quasiment figés depuis de longues années.

Sans négliger ni sous-estimer l'intérêt d'aucune autre source d'information, notamment verbale, elles doivent en particulier prendre en sérieuse considération le fait « nouveau » que constituent dans ce domaine la télématique et le développement, exponentiel lui aussi, du nombre de banques de données accessibles de tous les points du globe équipés d'un simple téléphone.

Ne pas exploiter ces banques de données, ne pas tirer le meilleur parti de leurs performances (coût, rapidité) et des possibilités qu'elles ouvrent, c'est prendre le risque de donner un avantage décisif aux concurrents ; de même, nous l'avons vu, ne pas constituer les banques de son propre savoir, c'est prendre le risque de gaspiller le capital des connaissances et des expériences de l'entreprise.

**Les banques de données**

La quasi-totalité des connaissances faisant l'objet d'une publication ainsi que la plupart des faits économiques, techniques et commerciaux cités dans un écrit quelconque sont stockés dans une au moins des grandes banques de données internationales (voir complément nº 5). LA DAFSA, l'INPI*, le CESTA**, déploient des efforts importants pour doter la France de banques de données adaptées à ses besoins spécifiques.

L'accès à ces banques est relativement peu coûteux (de quelques dizaines à quelques centaines de francs par interrogation, une fois consenti l'investissement faible d'un terminal : de l'ordre de 10 000 francs). Cependant, les banques de données sont encore peu exploitées : la France produit un dixième des banques internationales – dont seule la moitié est accessible aux entreprises –,

---

* INPI : Institut national de la Propriété industrielle.

** CESTA : Centre d'études des systèmes et des technologies avancés.

mais réalise seulement un centième du chiffre d'affaires d'exploitation.

Aujourd'hui, sur les 1 500 à 2 000 utilisateurs des banques internationales, 300 seulement pouvaient être considérés comme sérieux et réguliers ; mais plus de 50 % des heures d'interrogation n'étaient utilisées que par un nombre réduit de grands groupes ou de grands organismes.

Comment expliquer ce sous-emploi des banques de données ? Par leur pauvreté en renseignements d'ordre économique concernant les pays européens, et surtout la France, sans doute. Sans doute aussi en raison d'une connaissance insuffisante de leurs possibilités et, par voie de conséquence, de leur faible diffusion vers le tissu des entreprises moyennes (ce qui constitue un thème de préoccupation pour les autorités de la Communauté européenne).

Mais les véritables raisons nous paraissent de deux autres ordres, culturel et opérationnel.

Culturel, parce que, si l'on en croit les experts de la Communauté européenne qui suivent ces questions, les futurs ingénieurs et gestionnaires français se différencient par exemple des étudiants anglo-saxons par le fait qu'ils sont moins entraînés à exploiter systématiquement, et avant toute étude, toutes les sources d'informations accessibles, bibliothèques électroniques ou non.

Culturel, parce que les opérateurs, qui se tiennent insuffisamment au courant de l'évolution des logiciels et des fichiers ou qui négligent, par exemple, la possibilité de mémoriser les algorithmes d'interrogation, sont, pour la plupart, des documentalistes ou des chercheurs habitués à raisonner documentation en termes de bibliothèque et d'archivage.

Faute que le concept de veille technologique soit répandu, le saut culturel ne s'est pas encore produit qui permettrait aux entreprises de dépasser la vision étroite des banques de données comme appoint aux fichiers manuels (chercher une information, une référence) – ce qui ne concerne que les spécialistes –, pour les considérer comme de véritables outils d'aide à la décision, notamment stratégique (détecter, dans un champ d'activité donné, toutes les informations significatives en termes de menaces et d'opportunités) – ce qui concerne l'ensemble de l'entreprise. L'appel aux banques de données n'est pas encore devenu un réflexe, même chez ceux qui sont bien informés de leurs possibilités.

Raison d'ordre opérationnel, parce que, si l'interrogation d'un fichier, ou d'une banque, n'est pas en soi très difficile, elle le devient pour un opérateur qui n'utilise pas fréquemment son terminal, ou ne peut limiter ses interrogations à un nombre restreint de serveurs ou de banques, mais doit, par exemple, pour certaines stratégies d'interrogation, identifier, parmi plusieurs banques, la meilleure possible.

Il faut d'ailleurs savoir que, si excellente soit-elle, la meilleure banque n'assurera que 60 % du taux d'exhaustivité, que les trois meilleures en assureront 90 %, qu'il faudra interroger jusqu'à six banques pour obtenir un taux d'exhaustivité de 100 % (nécessaire, par exemple, pour rechercher les antériorités d'un brevet).

Si l'opérateur n'a ni une connaissance étendue des banques pertinentes (dont certaines se recoupent), ni une bonne pratique des processus d'interrogation, on comprend que, même sensibilisé à leurs possibilités, il renonce par avance, ne serait-ce qu'en raison du coût des tâtonnements.

## La veille technologique

Ces observations nous conduisent alors à distinguer trois niveaux d'exploitation.

*Le premier niveau* est celui de l'information brute, de la recherche du renseignement ponctuel : « Qui a fait quoi ? Qui a écrit quoi ? » Le domaine technique étant en général précis, le nombre de banques à prendre en considération est limité, et tout ingénieur peut être son propre opérateur. Un expert interne ou externe reste cependant nécessaire pour aider à sortir des impasses, à surmonter les difficultés, à tenir informé des nouveaux développements.

*Le deuxième niveau* est celui de l'information semi-finie : recherches, synthèses documentaires rétrospectives, études typologiques des procédés, des produits, des concurrents, des marchés, dans un domaine donné ou à l'intersection de plusieurs domaines, diffusion sélective par surveillance automatique. Les documentalistes spécialistes assureront pendant longtemps encore ces travaux, mais ils devront nouer des relations plus étroites que par le passé avec l'utilisateur final, dont la compétence doit lui permettre de participer au dialogue avec les banques pour la mise au point de l'investigation.

*Le troisième niveau*, enfin, est celui de la mise sous veille permanente d'un domaine donné, choisi pour des raisons stratégiques, notamment pour détecter des signaux d'alerte avancée. La veille permanente, destinée à répondre à des préoccupations de niveau stratégique, donc complexes par nature, devra prendre en compte un grand nombre de facteurs : techniques, commerciaux, économiques, non seulement dans l'activité concernée (technologies, produits, applications, marchés), mais si possible aussi dans les activités voisines, connexes ou non, pouvant constituer à terme des menaces ou des opportunités (illustration 14).

Pour cela, il faudra déterminer les algorithmes d'interrogations qui, en fonction du contenu et de la structure de chacune des banques choisies, permettront d'éviter les informations inutiles et les redondances. Bientôt verront le jour des systèmes hiérarchisés, grâce auxquels il sera possible, une fois défini le sujet précis de la recherche, d'en explorer les alentours, c'est-à-dire les procédés connexes, les produits concurrents, les marchés voisins.

En tout état de cause, seule la pratique permettra de trouver la stratégie d'interrogation la plus riche d'informations pertinentes.

Ainsi, nous avons mis en place, à Euréquip, une veille technologique sur le Management des Ressources Technologiques. Trois banques ont été retenues, qui, tous les deux mois, fournissent une quinzaine d'abstracts de dix à quinze lignes, chiffre considéré comme suffisant pour éviter l'encombrement par excès d'information. Un exemple est présenté dans le complément nº 5.

## FIGURE 14

## UN EXEMPLE DE COLLECTE D'INFORMATIONS

### QUELLES INFORMATIONS COLLECTER ?

Ensemble, les responsables du marketing, de la production, de la recherche, définissent dans le cadre de la réflexion stratégique de l'entreprise :

— **Les technologies à surveiller,**
— **Les domaines de surveillance.**

Exemple : Fabricants d'aimants permanents

| DOMAINES / TECHNOLOGIES | SCIENTIFIQUE ET TECHNIQUE | AFFAIRES | ENTREPRISES |
|---|---|---|---|
| Matières premières | Matériaux magnétiques, céramiques, alliages | Nouveaux matériaux, production, marché | Fournisseurs |
| Procédés mis en forme | Broyage, mise en forme, frittage, fonderie d'alliages, aimantation | Nouveaux procédés, nouveaux matériels | Concurrents |
| Applications | Moteur électrique, haut-parleur, magnétron, radar | Nouveaux produits, marché | Clients |

L'expérience nous a conduit à éliminer les abstracts contenant des mots-clés qui créaient des bruits de fond. Certains auteurs nous ont paru suffisamment intéressants pour justifier la surveillance de l'ensemble de leurs écrits ; nous balayons ainsi des voisinages contingents.

Enfin, nous avons pu constater qu'une collection d'abstracts dont le classement est assuré par des voies classiques permettait de dégager très aisément des tendances que seul un travail documentaire important aurait permis de réaliser.

Il est clair que cette démarche implique une compréhension très grande de la stratégie de l'entreprise, mais aussi une connaissance approfondie d'un grand nombre de banques – certaines veilles nécessitant l'appel permanent à dix banques de données. L'organisation de cette veille ne peut donc être conçue que par un travail d'équipe entre, d'une part, les responsables de la réflexion stratégique et, d'autre part, un praticien des banques de données, ingénieur ou chercheur de formation et d'expérience, doté d'une suffisante sensibilité marketing.

Mais, lorsque la veille est organisée, que les algorithmes d'interrogation sont choisis puis testés pour vérifier leur pertinence et l'absence de bruits ou de zones d'ombre, les questions peuvent être mises en mémoire ; l'utilisateur peut alors les appeler, directement et sans difficulté, sur son propre terminal, à la fréquence qu'il souhaite.

## Les médiateurs

Cette rapide analyse met en évidence le besoin d'un relais entre l'utilisateur et les banques de données, besoin qui se fera sentir d'une manière plus ou moins pressante selon la taille des entreprises ou les niveaux d'utilisation. Que doit être ce relais ?

De moins en moins un opérateur passif formant écran entre utilisateurs et fournisseurs d'information, mais, bien au contraire, un véritable *médiateur de la communication* dont les fonctions seront de faciliter l'expression de la demande afin que les réponses apportées se situent bien au cœur des préoccupations réelles, de permettre l'accès aux sources sans s'en réserver l'exclusivité, de développer la sensibilisation de tous les personnels à l'utilisation de la télématique documentaire, d'aider enfin les utilisateurs à organiser leurs propres fonds documentaires selon les mêmes principes.

Cette évolution aura pour effet d'enrichir la fonction des documentalistes ; celle-ci devra être placée sous la responsabilité d'un cadre très compétent (comme nous l'avons dit à propos des exigences du troisième niveau d'exploitation), occupant, dans la hiérarchie, une place élevée, significative de l'intérêt stratégique que la direction de l'entreprise attache à l'information, outil d'aide à la décision.

Suivant les utilisateurs ou groupes d'utilisateurs, le médiateur sera interne ou externe ; parfois, le médiateur interne devra s'appuyer sur un super-médiateur externe pour faire face à certaines des exigences exprimées précédemment (voir complément n° 6).

Or, aujourd'hui, peu de personnes sont en mesure d'assumer ce rôle de médiateur au niveau où il nous paraît indispensable de le situer ; des vocations devront être favorisées, un important effort de formation sera nécessaire.

### Un avantage décisif à disputer aux Japonais

En conclusion, la veille technologique ne peut être efficace que si les directions générales s'impliquent personnellement et considèrent le système d'information technologique comme une des fonctions essentielles de l'entreprise. Sans aller, comme certaines grandes entreprises américaines, jusqu'à se doter d'unités spéciales de surveillance pour détecter les moindres signaux d'alerte, il faudrait au moins que la veille technologique soit confiée à des cadres d'un haut niveau de compétence participant à l'élaboration de la réflexion stratégique, notamment à la détermination des zones critiques à surveiller ; ils s'appuieront, pour la surveillance de chacune des zones, sur des vigies choisies en fonction de leurs aptitudes naturelles (« *gatekeeper* ») et de leurs sujets de préoccupations – il faudrait probablement qu'au moins 5 % des cadres soient de réelles vigies (le pourcentage est vraisemblablement de 50 % au Japon !) – ainsi que sur un médiateur en cas d'appel aux banques de données.

L'exploitation des informations doit être, quant à elle, normalement assurée par les responsables de la réflexion stratégique.

Il est évident que, pour son organisation comme pour son exploitation, la veille technologique constituera une nouvelle occasion de rencontre et de dialogue entre les hommes de marketing et ceux de la technologie, car le changement technologique, sauf dans certains cas touchant aux procédés, a un impact potentiel fort sur les marchés futurs ; sa détection nécessite une sensibilisation plutôt technologique, son interprétation, une sensibilisation plutôt marketing.

Il est en tout cas certain que les entreprises qui sauront tirer le meilleur parti de la masse considérable d'informations disponibles ou qui sauront sauvegarder tous leurs acquis dans leurs propres fonds documentaires prendront sur leurs concurrents un avantage décisif ; les Japonais n'ont pas fait autre chose pour acquérir leur leadership actuel. Le défi industriel qu'ils nous lancent ne pourra être relevé que dans la mesure justement où nous leur disputerons cet avantage décisif.

Sans imaginer que la mystique japonaise de l'information puisse pénétrer rapidement et de façon déterminante les entreprises occidentales, du moins peut-on espérer faire prendre conscience, au niveau le plus élevé des hiérarchies, des retards pris et des risques encourus, notamment dans le domaine technologique, mais aussi des possibilités de remonter le handicap dans des délais infiniment plus courts aujourd'hui grâce aux possibilités de la documentation informatisée et de la télématique documentaire.

# CHAPITRE VII

## *La sauvegarde*

Rares sont les entreprises qui ne consacrent pas le temps et l'argent nécessaires pour assurer la sauvegarde de leur fonds de commerce : suivi de clientèles, dépôts de marques, contrats d'exclusivité, en sont les illustrations les plus courantes.

Mais rares aussi les entreprises qui attachent le même soin à sauvegarder leur fonds technologique.

### Sauvegarder les talents

La vulnérabilité des ressources technologiques a été particulièrement mise en lumière à l'occasion de la crise économique qui a conduit de nombreuses entreprises à se séparer prématurément de certains de leurs collaborateurs.

Chaque départ entame peu ou prou le capital technologique de l'entreprise ; chaque fois, une part de savoir-faire, une part d'expérience, une part de connaissance quittent à tout jamais l'entreprise – sans que ces disparitions figurent sur aucun compte de pertes et profits.

De nombreux exemples illustrent ce propos : tel ce chercheur parti en pré-retraite et revenu de lui-même pour mettre au point la rédaction d'un brevet, nul n'ayant plus la compétence voulue ; tel ce responsable d'un important thème de recherches, obligé de quitter son entreprise pour la même raison, puis entré dans un laboratoire universitaire, lequel n'a pas tardé à passer un contrat d'étude avec cette entreprise pour que la poursuite de ses travaux soit assurée.

D'ailleurs, combien d'entreprises ont évalué les risques que leur fait encourir leur situation démographique ? Dans la vague du développement de l'après-guerre, beaucoup d'entre elles ont recruté un nombre important d'ingénieurs et de techniciens qui, tous ou presque, frappés ensemble par la limite d'âge, quitteront l'entreprise dans un temps réduit (voir p. 184).

La gestion prévisionnelle des compétences et expertises devient une nécessité absolue pour les entreprises, qui, trop souvent, la limitent à celles des postes de commandement, alors qu'il est tout aussi impératif de créer les conditions permettant de préserver les savoirs, en cas de disparition prématurée de tel expert, ou dans la perspective de son départ à échéance de trois ou cinq ans.

## La mystique du savoir partagé

Sauvegarder le capital technologique, c'est aussi assurer le stockage et la transmission des connaissances. La gestion prévisionnelle n'est alors pas seule en cause.

Nous avons déjà souligné l'intérêt, pour l'enrichissement du capital technologique, de la rotation des chercheurs entre les groupes projets, ou entre laboratoires de recherche et centres techniques décentralisés ; un tel brassage est sans égal pour favoriser les transferts d'expertise et l'innovation.

Mais, surtout, il faut développer des comportements qui facilitent les transferts internes.

Le partage du savoir n'est en effet pas accepté aisément par tous ; il suppose un esprit d'ouverture et un sens de ses devoirs à l'égard de la communauté. La capacité à partager devrait être un des critères d'évaluation annuelle des ingénieurs et techniciens.

Peut-être faut-il faire preuve d'imagination pour rendre naturels ces transferts et éviter d'avoir à ne les assurer que pour faire face à des situations imprévues :

— constitution de petits groupes coresponsables d'un domaine d'expertise donné ;

— exposés réciproques réguliers sur les thèmes de recherche et de développement, notamment lors de certains événements tels que : arrivée de jeunes, départ d'anciens, fixation du programme annuel de recherche ;

— création de situation de partage, par exemple par « appel d'offre » en direction des savoirs pour constituer une équipe projet...

C'est un rôle essentiel, commun aux responsables du plan de développement des ressources humaines et du plan de développement technologique, que d'amener chacun à la « mystique » du savoir partagé.

## Les fonds documentaires

Mais, chaque fois qu'il sera possible de le formaliser, la meilleure façon d'assurer le partage du savoir sera de le mettre à la disposition de tous dans les fonds documentaires de l'entreprise.

Nous avons à plusieurs reprises souligné l'importance, pour l'entreprise, de stocker à la fois ses connaissances et les informations que ses membres recueillent sur son environnement, de telle sorte que l'acquis puisse être accessible à quiconque y serait autorisé.

Là encore, la difficulté à organiser de tels fonds n'est pas d'ordre technique : les méthodes modernes permettent de constituer, de gérer et d'exploiter sans difficulté des fonds personnalisés, extrêmement riches et importants, complémentaires des fonds « publics » que sont les grandes banques de données.

Les réels obstacles à la collecte des informations et à leur acheminement vers les fonds internes proviennent en fait de comportements tels que sensibilisation insuffisante à l'importance de l'information, rétention souvent considérée comme un instrument de pouvoir, difficulté de s'imposer certaines disciplines personnelles (rédaction de comptes-rendus sur tous contacts, transmission systématique de ces comptes-rendus).

A défaut que chacun se sente investi d'une mission de collecteur d'informations dont il ne sera pas le propriétaire, mais un simple dépositaire pour le compte de son entreprise, il est possible, au moins dans des entreprises d'une certaine taille, d'adopter certaines dispositions analogues à celles évoquées à propos de la veille technologique.

Ainsi :

— créer un point de collecte de l'information et désigner un responsable de haut niveau chargé de constituer le fonds documentaire et d'en contrôler la gestion ;

— choisir, à partir notamment des analyses stratégiques, les domaines dans lesquels les informations recueillies par qui que ce soit seront collectées, élaborer un thésaurus ;

— instaurer, pour certains types de documents créés par l'entreprise, un « dépôt légal » qui témoignera visiblement que lesdits documents ont été pris en charge par le fonds documentaire, les rédacteurs devant proposer au gardien du thésaurus les mots-clés qui leur paraissent les plus pertinents ;

– promouvoir l'utilisation du fonds documentaire pour qu'il soit exploité, au même titre que les banques de données, avant toute action engageant des dépenses de recherche d'informations (études, recherches, voyages...) ;

– définir des règles d'accès souples (facilité d'accès) et strictes (confidentialité).

Du point de vue matériel, en utilisant des logiciels standard, l'entreprise pourra stocker son fonds documentaire sur un ordinateur interne ou sur un serveur externe, dans les mêmes conditions de sécurité.

Le développement de la bureautique devrait faciliter cette évolution, notamment pour la collecte des informations « créées » par des membres de l'entreprise, tout document destiné à entrer dans le fonds documentaire pouvant être saisi directement par les machines de traitement de textes.

## La stratégie de sous-traitance

On notera au passage que cette préoccupation de l'entreprise de sauvegarder son patrimoine technologique pourra guider sa politique de sous-traitance.

L'inventaire et l'évaluation, en lui permettant de mettre en évidence les technologies qui lui sont spécifiques, celles qui la différencient de ses concurrents, et celles qui sont fortement évolutives, lui fourniront des critères de choix entre ce qu'elle devra conserver et ce qu'elle pourra sous-traiter sans risque de dépossession.

## La propriété industrielle, arme stratégique

Toujours sur le sujet de la sauvegarde, nous devons

insister particulièrement sur une question bien oubliée dans les manuels de management : quelle importance convient-il d'attacher au rôle de la propriété industrielle dans l'entreprise ?

Certes, personne ne met en doute que les brevets jouent un rôle important, mais, dans le même temps, on considère volontiers qu'il s'agit, pour l'essentiel, d'une affaire de spécialistes et que, à défaut d'en compter parmi son personnel, il suffit, pour l'entreprise, de faire appel aux excellents cabinets existant sur la place.

Dans une période de grandes turbulences technologiques et d'internationalisation croissante des marchés, ne pas être convaincu que la propriété industrielle concerne aussi la direction générale, c'est prendre le risque de grands déboires.

Une fois encore, tournons-nous vers le Japon. Il est de notoriété publique que les Japonais déposent beaucoup plus de demandes de brevets que les Français : 160 000 d'une part, contre 12 000, selon les chiffres couramment cités (contre 30 000 en R.F.A.). Les discussions vont alors bon train pour savoir si les Japonais sont à ce point plus créatifs que les Français.

On oublie en général que les chiffres cités concernent les brevets demandés, et non les brevets effectivement délivrés ; en matière de dépôt, les dispositions légales ne sont pas les mêmes en France et au Japon : la délivrance n'étant pas soumise, chez nous, à un examen préalable, c'est le demandeur qui fait le tri avant la demande alors qu'au Japon c'est l'office des brevets qui l'effectue après.

Si, au lieu de comparer le nombre des brevets demandés par les Japonais ou les Allemands (avant le tri) et par les Français (tri déjà effectué), on examine celui des brevets effectivement délivrés, on constate que les niveaux français et allemand par habitant sont proches de l'égalité, et que celui du Japon ne leur est supérieur que de 1,6 fois. On peut trouver ce chiffre trop élevé, d'autant qu'il s'agit d'une moyenne et que les Japonais sont presque absents de certains secteurs industriels.

Mais, à notre sens, là n'est pas véritablement la question importante pour les dirigeants d'entreprise. Il suffit de jeter un regard sur l'illustration ci-dessous : n'est-ce pas l'allure des courbes plus que la valeur actuelle des chiffres qui doit nous interpeller, nous, les Occidentaux ?

FIGURE 15

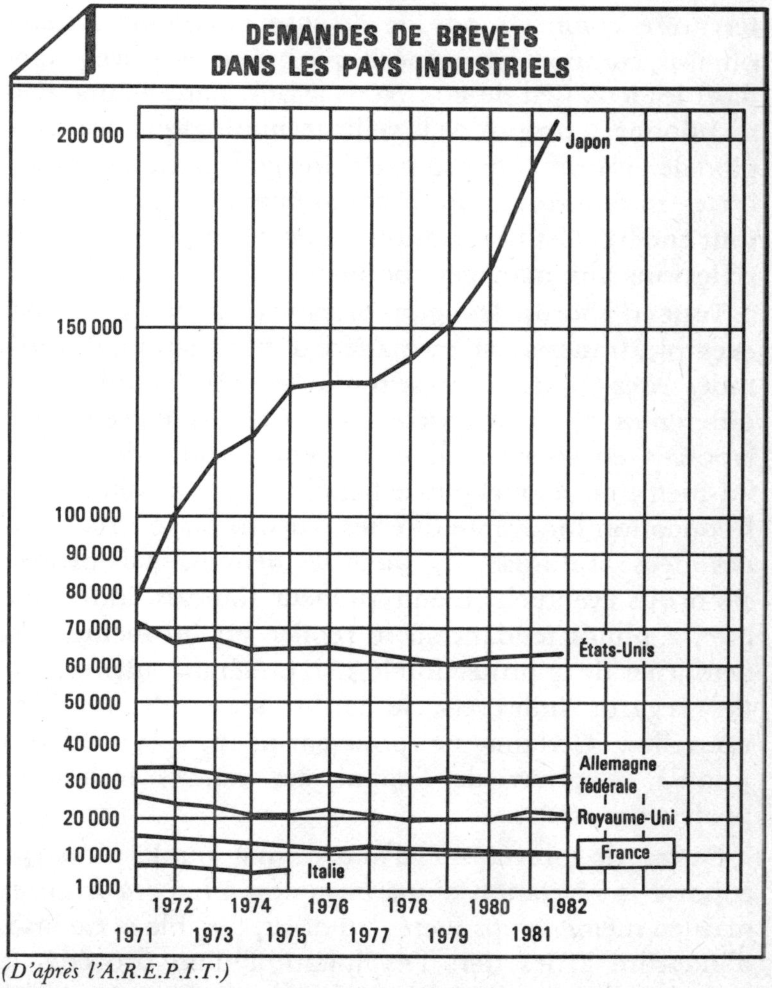


*(D'après l'A.R.E.P.I.T.)*

*L'allure des courbes est plus significative que les chiffres eux-mêmes.*

La vraie question que chacun devra se poser n'est-elle pas de comprendre la signification et la portée stratégique de ce phénomène, qui, à l'évidence, n'est pas lié à l'évolution du génie inventif des Japonais ?

Nous pensons, pour notre part, qu'il traduit très exactement leur volonté de conquête et de progrès. Chacun sait l'importance, dans la culture japonaise, du sentiment d'appartenance et, par conséquent, de la stratégie du territoire comme mode de défense et comme système offensif, comportement spécifique qui se retrouve jusque dans les jeux (jeu de go). Nous avons, par ailleurs, déjà mentionné, à propos de la veille technologique, leur religion de l'information, source de progrès pour soi-même, certes, mais surtout pour la communauté d'appartenance tout entière. Ces observations peuvent inspirer quelques réflexions aux managers occidentaux.

Tout d'abord, les entrepreneurs japonais et, par exemple, français ont, en matière d'information, des attitudes assez opposées qui se traduisent par des utilisations différentes de la propriété industrielle. L'entrepreneur japonais est soucieux que la communauté (donc aussi lui-même en retour) puisse bénéficier des possibilités de fécondation innovante offertes par une large circulation des idées : il diffuse largement les siennes, mais protège ses droits éventuels. L'entrepreneur français, individualiste, a plutôt tendance à se replier sur lui-même, à se détourner de la protection légale, préférant cultiver, loin des regards indiscrets, le jardin secret de ses idées nouvelles. Certains ne poussent-ils pas la méfiance jusqu'à se priver de l'appui des centres techniques professionnels ?

Certes, le brevet est d'abord une publication qui apporte la révélation d'une invention à la concurrence ; mais en même temps il crée un droit, cessible et exclusif, d'interdire à des tiers l'exploitation d'un procédé, la production ou la vente d'un produit, sauf à ceux qui en auraient acquitté le paiement des annuités ou qui pourraient prouver une possession antérieure (début d'exploitation, ou, en France, dépôt d'une enveloppe Soleau).

Il n'est donc pas raisonnable, sans une analyse plus précise des intérêts de l'entreprise, de préférer systématiquement le secret au brevet. Celui-ci est seul à conférer la possibilité de revendiquer des droits de propriété sur un territoire industriel donné. Celui-là offre de meilleurs avantages face à un brevet qui risquerait d'être vulnérable ou dont les contrefaçons seraient difficiles à déceler et à démontrer. De même, l'entreprise peut avoir la conviction qu'elle n'exploitera jamais ses droits (parce que ses marchés sont très protégés ou parce qu'elle n'a pas de stratégie de développement international) ; dans ce cas, elle aura à opter aussi pour le secret, du moins si elle est certaine qu'il n'est absolument pas décelable.

Avant de faire son choix, l'entreprise doit bien peser ses certitudes ; car sa stratégie, si affinée soit-elle, risque d'être mise en échec si elle omet de faire reconnaître ses droits, même limités dans le temps du fait de l'évolution technologique, sur les territoires stratégiques dans lesquels elle cultive avec soin ses atouts. Car les droits de ses voisins, c'est-à-dire les brevets qu'ils auront déposés, pourront un jour faire obstacle à son développement.

Un malheureux exemple a été donné par une entreprise grenobloise qui avait omis de déposer un brevet pour un système de « viseur pivotant » qu'elle utilise depuis 1972. Elle a déposé son bilan au début de 1984, faute de pouvoir payer une amende de 3 millions de dollars à laquelle l'a condamnée un juge new-yorkais : un concurrent avait eu la présence d'esprit de déposer un brevet en 1979 !

En définitive, l'entreprise risque l'échec si elle ne perçoit pas que la propriété industrielle peut être, entre les mains de ses adversaires, donc aussi entre les siennes, une véritable arme stratégique, dont le maniement devient de plus en plus essentiel dans une période où les principaux avantages concurrentiels proviennent des atouts technologiques.

## Arme stratégique défensive et offensive

Arme stratégique donc, mais pas seulement défensive ; offensive aussi, puisque sans elle il serait souvent inutile de chercher à conquérir de nouveaux marchés ou à se développer dans les pays étrangers, arme dont il est, en définitive, essentiel de bien apprécier l'importance et l'efficacité dans le jeu concurrentiel.

Certes, sa mise en œuvre sera l'affaire de spécialistes, mais le choix de la stratégie d'emploi restera de la responsabilité du niveau le plus élevé de la hiérarchie ; car c'est elle qui déterminera la capacité à maintenir une position concurrentielle, ou à s'implanter sur de nouveaux marchés, mais aussi à dissuader les concurrents de s'engager sur des terrains déjà occupés, voire à les écarter. C'est elle, enfin, qui permettra de s'assurer qu'aucun itinéraire de développement, qu'aucune activité nouvelle ni aucun marché étranger ne seront interdits à l'entreprise.

Ainsi ne peut-on s'en tenir à une vision restrictive de la propriété industrielle, mais, au contraire, l'inscrire parmi les moyens à la disposition des entreprises pour accompagner leur développement.

Dans la pratique, quatre types de stratégies sont possibles : les premières, défensives, à objectif à court terme, sont plutôt l'apanage des sociétés qui innovent peu, contrairement aux dernières, contre-offensives, dont l'objectif à plus long terme exige une importante capacité créatrice.

La stratégie *défensive* permettra à l'entreprise de protéger au maximum son territoire et à y maintenir ses avantages concurrentiels grâce à des barrières technologiques suffisantes. Parallèlement, elle la conduira à contenir l'extension territoriale des concurrents en déposant des brevets de barrage proches de leurs zones d'activité, ou en attaquant, par des procédures d'opposition, les brevets concurrents qui pourraient constituer une gêne immédiate ou à terme.

Une stratégie *dissuasive* conduira à entraver l'avance technologique des concurrents en minant le plus grand nombre possible de territoires nouveaux. L'entreprise déposera des brevets de perfectionnement, même faibles, même si elle n'a pas l'intention de les exploiter, dès qu'un pas technologique sera franchi. Quand un terrain est connu pour être miné, il n'est pas nécessaire que toutes les mines soient efficaces pour ralentir l'avance ennemie.

L'entreprise pourra aussi tromper la concurrence sur sa propre stratégie de développement : ce sera pour elle une autre utilisation des brevets de barrage.

Une stratégie *offensive* aura pour but d'accompagner la conquête de nouveaux marchés/produits, de consolider les positions industrielles de l'entreprise à l'étranger et de permettre de mieux valoriser les travaux de recherche-développement. Elle impliquera que soient déposés tous brevets de base et tous brevets de perfectionnement dès lors que les procédés qu'ils concernent sont susceptibles d'être exploités ou les produits vendus.

Une stratégie de *contre-offensive*, enfin, consistera à prendre des droits sur les territoires restés libres dans les axes de développement de la concurrence.

## La propriété industrielle, une affaire de direction générale

Entre ces quatre stratégies de propriété industrielle, l'entreprise doit effectuer des choix, arbitrer en fonction de sa stratégie générale et, bien sûr, de ses impératifs de coûts.

C'est dire que la propriété industrielle doit sortir de son ghetto juridico-technique. Cela nécessite une sensibilisation de la structure et plus encore l'implication de la direction générale, afin que tous les responsables de l'entreprise s'interrogent, en permanence, sur la brevetabilité de toutes idées nouvelles, même si, pour cela, ils doivent faire appel à des spécialistes : la tenue d'un inventaire permanent des technologies brevetables doit être encouragée (voir complément n° 7).

La direction générale, quant à elle, doit définir clairement sa stratégie générale, notamment les critères de choix entre le secret et le brevet (ou l'enveloppe Soleau), les critères d'extension des droits d'exploitation dans d'autres pays ; enfin, les critères d'abandon (car le maintien d'un brevet est payant), révisables périodiquement.

Il est en particulier nécessaire que les zones où l'entreprise envisage d'étendre son activité commerciale ou industrielle soient clairement délimitées : sélections et éliminations devront relever non des seuls critères économiques, mais surtout d'impératifs stratégiques, et être effectuées au niveau hiérarchique responsable.

On pourra, par exemple, classer les pays en quatre catégories et, selon les exigences stratégiques et les possibilités financières, hiérarchiser les choix dans l'ordre décroissant d'importance tel que :

1) Pays d'origine + pays d'exportation des produits.

2) Les mêmes + pays où se trouve une filiale.

3) Les mêmes + pays où sont implantés les concurrents.

4) Les mêmes + pays où un objectif d'implantation n'est pas exclu.

Pour chaque brevet ou famille de brevets, les stratégies possibles, pays par pays, ou famille de pays par famille de pays, peuvent changer ; dans un même pays, elles varieront d'un brevet à un autre.

En conclusion, la gestion stratégique d'un portefeuille vivant de brevets apparaît comme un élément essentiel du Management des Ressources Technologiques.

Or il est assez habituel, en cette matière, de s'en remettre quasi entièrement à des agents de brevets, internes ou externes à l'entreprise (les premiers relevant bien souvent d'une direction juridique) alors qu'il n'entre ni dans leur vocation ni généralement dans leurs compétences d'assumer la responsabilité d'animer des structures, ou d'orienter des stratégies de propriété industrielle.

Il est nécessaire que cette gestion soit placée entre les mains d'un responsable qui, rattaché à une direction

**FIGURE 16**

**Quelques réflexions de responsables de grandes firmes sur le rôle capital joué par les brevets :**

« L'encouragement apporté par les brevets a justifié l'investissement en capital et une recherche continue et vigoureuse. Parmi les fruits de cette recherche, il faut compter les quelque 110 brevets obtenus chaque année aux U.S.A. »

*(Dow Chemical Co.)*

« Les droits d'exclusivité conférés par les brevets sur les produits ont permis à la Société, malgré sa petite taille à l'époque, de mener à bien cette nouvelle industrialisation et de poursuivre son expansion jusqu'au stade actuel. »

*(Thiokol Chemical Corp.)*

« Une société telle que CIBA est stimulée par le système des brevets et encouragée à dépenser des millions pour la recherche, pour construire des laboratoires de recherches, pour y loger les plus réputés chercheurs, toute cette activité servant à mettre au point de nouveaux remèdes, de nouvelles peintures, de nouvelles matières plastiques et d'autres produits chimiques utiles à l'homme. »

*(CIBA Pharmaceutical Products)*

Le Président de la GENERAL MOTORS à qui l'on demandait, il y a quielques années, ce qui arriverait si sa Société se trouvait brutalement en face d'un brevet révolutionnant l'industrie automobile, répondit en ces termes :
« Nous nous efforcerons tous d'obtenir une licence de ce brevet ou bien vous verrez une immense masse d'ingénieurs travaillant sept nuits par semaine jusqu'à ce que nous ayons trouvé quelque chose. »

opérationnelle (technique en général) et non juridique, participe à l'élaboration de la stratégie générale, notamment internationale, ainsi qu'à la définition des objectifs de recherche-développement, quitte à faire appel à des spécialistes pour la rédaction et le dépôt des brevets.

## La propriété industrielle au service de la veille technologique

Le développement d'une politique de propriété industrielle a pour effet immédiat de favoriser l'ouverture de l'entreprise sur l'extérieur : la nécessité de rechercher les antériorités, celle de surveiller les éventuelles contrefaçons, conduisent à un examen approfondi de la concurrence, de sa maîtrise technologique, de ses centres d'intérêt et de ses axes de développement. Elles conduisent aussi à s'interroger sur le progrès technologique en général, et sur les menaces et opportunités qu'il recèle ou suggère.

Sa contribution à la veille technologique est considérable. Bien exploitées, les banques de brevets sont susceptibles de fournir des éléments d'information particulièrement riches sur l'état de la technique en général, sur le degré de maturité des différents domaines technologiques, sur la vitesse d'évolution de progrès, notamment dans les zones les plus actives en matière d'innovation.

L'Institut Batelle a mis au point une démarche permettant d'analyser la typologie des champs technologiques, c'est-à-dire les liens qui unissent, dans l'espace et dans le temps, les brevets les uns aux autres, d'identifier les brevets stratégiquement les plus importants, de distinguer les brevets de base, les brevets de barrage ou de défense, les brevets d'attaque, et de mettre ainsi en évidence la stratégie des forces en présence dans le jeu concurrentiel.

Quelles entreprises déposent ? Abandonnent ? Qui détient les brevets de base ? Qui dépend de qui ? Qui est cité le plus souvent dans les brevets ? Par qui ?... Qui est, ou a des chances d'être, le leader ? Qui ne sera que suiveur ? Qui empêche qui de se développer ? Quels brevets de base sont particulièrement protégés par des brevets de défense ?

## La propriété industrielle au service du progrès de l'entreprise

Cette confrontation permanente sur l'état de la technologie, cette obligation de réfléchir de façon approfondie sur ses propres progrès qu'imposent la formulation de l'invention et la rédaction du brevet lui-même, font de la stratégie de propriété industrielle un puissant facteur de stimulation pour les services techniques et de marketing, qu'il s'agisse de répondre par anticipation à la concurrence ou d'imaginer des produits, des procédés voisins, ou bien encore des domaines d'application non décelés.

# CHAPITRE VIII

## *Domaines d'application particuliers*

Le Management des Ressources Technologiques, nous l'avons vu, permet aux entreprises de mieux faire face aux menaces d'un monde en crise, aux turbulences technologiques, aux agressivités nouvelles de l'environnement concurrentiel. Il leur permet de sauvegarder leur potentiel de compétences, d'assurer leur développement, voire de survivre.

Cela est vrai non seulement pour les grandes entreprises, mais aussi pour les PMI, et, à combien plus forte raison, pour *les régions et les pays en cours de reconversion ou d'industrialisation.*

Leurs tissus industriels régionaux sont en effet constitués d'une juxtaposition d'entreprises, pour la plupart petites ou moyennes, liées les unes aux autres par leur appartenance à une même culture régionale, et par des instances communes de concertation ; ils peuvent être abordés comme des entités économiques, certes complexes, mais dotées d'une certaine personnalité, semblables à de grands groupes à activités multiples dont les animateurs seraient les responsables socio-économiques ou socio-professionnels. Leur revitalisation compte parmi les grands programmes mobilisateurs européens.

Or les entreprises petites et moyennes qui les composent détiennent, en principe, les potentialités d'emploi les plus grandes. En les aidant à se prémunir contre le risque d'obsolescence technologique qui les menace toutes plus ou moins directement, on contribue de façon importante à gagner la bataille de l'emploi, non seulement par consolidation des emplois existants, mais aussi par création de nouvelles capacités d'accueil pour ceux qui, demain, pourraient se trouver privés de travail.

Certes, des efforts ont été engagés : assistance technique et informative des syndicats professionnels et des centres techniques, stimulation financière des pouvoirs publics en faveur de l'innovation ou de la création d'activités nouvelles, fonds de modernisation, constitution progressive de « technopoles » (Toulouse, Grenoble...), etc.

Cependant, de nombreuses entreprises, parfois des professions entières, périclitent, ou risquent de péricliter, faute de prendre en temps voulu le virage technologique qu'imposent le progrès et la concurrence étrangère.

Sans doute peut-on expliquer ces échecs par la difficulté, parfois l'incapacité, de nombreuses entreprises occidentales, françaises en particulier, à apprécier convenablement leur compétitivité et surtout la réalité de leur potentiel technologique ; en outre, à la différence de leurs homologues japonais, leurs dirigeants ne portent pas toujours une attention aussi soutenue à la gestion de leurs ressources technologiques qu'à leurs autres ressources, financières, commerciales et humaines.

Sans doute aussi ni les pouvoirs publics ni certains

responsables socio-économiques (conseils régionaux, chambres de commerce et d'industrie) ou socio-professionnels (fédérations, branches), ne prennent-ils suffisamment en considération le fait que le problème véritable du développement technologique des entreprises est d'abord d'ordre managérial. Car que peuvent être l'efficacité, voire l'utilité, d'incitations à innover, notamment dans des technologies nouvelles, quand elles s'adressent à des entreprises qui, par manque de moyens ou de savoir-faire, ou par insuffisante sensibilité à la proximité des menaces qui les guettent, ne savent pas apprécier la valeur des ressources technologiques dont elles disposent et le parti qu'elles peuvent déjà en tirer pour défendre ou améliorer leur compétitivité, trouver les voies naturelles de leur modernisation et entreprendre les efforts de diversification qu'exige leur pérennité ?

Les responsables socio-professionnels et socio-économiques ont ici une mission privilégiée à remplir pour aider les entreprises à accomplir la mutation technologique indispensable à leur développement et à leur survie ; par exemple, les informer puis les convaincre que les démarches du Management des Ressources Technologiques existent ; que grâce à elles, elles peuvent se doter de meilleures chances de se prémunir, aujourd'hui et demain, contre les revers, souvent définitifs, subis par d'autres avant elles pour cause d'obsolescence technologique ; leur suggérer des associations technologiques qui leur permettront de renforcer, par développement ou par diversification, leur compétitivité et leur potentiel technologique. Elles peuvent aussi les inciter à s'engager dans cette voie en faisant, si nécessaire, appel à une assistance extérieure, ce qui impliquera, parfois, qu'elles favorisent l'accroissement des capacités locales d'intervention de conseils compétents en matière de Management des Ressources Technologiques ; elles devront enfin s'efforcer de lever les obstacles qui freinent encore les évolutions technologiques en dépit des moyens déjà mis en place, notamment en matière de veille technologique.

Est-il besoin d'ajouter que, si toutes les régions peuvent tirer bénéfice de telles démarches, certaines doivent se sentir particulièrement concernées : les bassins d'emploi en difficulté du fait de la crise, de l'effondrement d'industries majeures, ou de l'arrêt de grands chantiers, mais aussi les pays en voie d'industrialisation, dont les tissus industriels doivent se développer autour des grandes unités de production pour que celles-ci puissent véritablement prendre racine dans un terreau qui les irrigue.

# TROISIÈME PARTIE

## *Le Management des Ressources Technologiques et la stratégie de l'entreprise*

## La voie d'une stratégie globale

Tel que nous l'avons défini, le Management des Ressources Technologiques a des implications stratégiques évidentes, beaucoup plus complexes et profondes, que les concepts couverts par les termes « management de l'innovation », voire « management des technologies ».

En effet, il met en cause, au sein de l'entreprise, non seulement des aspects essentiels du développement stratégique (programmes de R et D par exemple), mais surtout ces autres éléments, aussi essentiels pour ce développement, que sont la gestion dynamique des ressources humaines, l'enrichissement des comportements et l'animation des structures, les capacités d'anticipation et des systèmes d'information interne ou externe, la politique de la recherche et la stratégie de diversification, les relations de l'entreprise avec le marché de la technologie, la politique de propriété industrielle et la stratégie internationale.

A travers eux, de multiples interrogations de portée stratégique sont nécessairement soulevées. Ces interrogations concernent aussi bien l'harmonisation des choix technologiques à travers les barrières de la segmentation que la quête du bon compromis entre les risques d'une recherche interne et les coûts d'une acquisition technologique externe. Elles concernent aussi bien l'allocation des ressources en matière grise que le poids relatif qu'il convient d'accorder d'une part aux réponses marketing à l'égard des exigences du marché, d'autre part au souci d'optimisation des ressources technologiques. Elles concernent aussi bien la sélection des facteurs critiques à surveiller pour organiser une veille stratégique de l'environnement que bien d'autres thèmes de préoccupations.

Ces réflexions autour du MRT infléchissent la démarche stratégique classique. Reste à déterminer dans quelle logique d'évolution elles s'inscrivent.

Dans la dernière partie de cet essai, nous nous efforcerons de montrer qu'elles permettent de s'engager dans la voie d'une stratégie globale, soucieuse de véritablement intégrer, dans la variété de leur nature et la complexité de leurs relations réciproques, toutes les possibilités qui s'offrent à l'entreprise pour conduire son évolution.

Mais, au préalable, il nous a paru souhaitable de rassembler, pour leur conférer une portée stratégique, nos observations et réflexions sur, successivement, le développement technologique, les transferts technologiques internationaux et les stratégies d'alliance, enfin le management des ressources humaines.

# CHAPITRE I

## *Un effort de synthèse stratégique*

### Stratégie de développement technologique

Nous avons cité, dans le texte et dans les compléments qui suivent, plusieurs outils susceptibles d'aider l'entreprise à orienter sa politique de R et D pour la rendre plus apte à assurer un développement technologique compétitif de l'entreprise.

Nous avons dit* tout le parti qui pouvait être tiré de l'analyse de compétitivité technologique proposée par E.B. Roberts, du MIT, pour le programme de R et D à court terme.

Nous avons aussi indiqué l'intérêt pour les responsables de la réflexion stratégique, hommes de Recherche et Développement et hommes de marketing, d'une analyse, dans une perspective de développement à plus

---

* Voir pp. 62 et *sq.* ; nous sommes revenus sur l'analyse de compétitivité [pp. 97 et *sq.*] dans le chapitre « L'évaluation » en introduisant les concepts d'élasticité-technologie ou d'image technologique

long terme, de l'évolution de courbes prix-performances, proposée par le même E.B. Roberts.

Cette mise en perspective de l'évolution des positionnements concurrentiels, sous la double influence d'améliorations progressives résultant de l'effet d'expérience ou d'innovations dues aux progrès techniques, fournit des éléments de réflexion essentiels à certains choix fondamentaux en matière de R et D, tels que, par exemple, abandonner ou non une confortable filière de développement, dont la valeur résiduelle se révèle faible, pour s'aventurer dans une nouvelle filière.

Une telle démarche est cohérente avec celle préconisée par McKinsey[10] dans sa réflexion sur les limites technologiques, c'est-à-dire le niveau ultime des performances qu'il semble possible d'atteindre avec une technologie donnée; elle l'est aussi avec l'analyse, proposée par ADL[5], de l'influence du progrès technologique sur les attraits ou les atouts d'un segment d'activité stratégique de l'entreprise.

Toutes ces démarches permettent d'orienter les décisions de développement technologique en fonction, d'une part, des forces et faiblesses dans les technologies de différenciation et dans les technologies nouvelles; d'autre part, du positionnement concurrentiel.

Elles permettent aussi de choisir entre plusieurs stratégies.

D'abord, des stratégies de développement externe par acquisition, accord de licence ou de sous-traitance (pour exploiter une position concurrentielle forte en compensant une faiblesse technologique), ou par joint-venture (pour tirer à moindre risque le meilleur parti commercial d'une position technologique forte), ou encore par la création de liens privilégiés avec des organismes universitaires, centres de recherches, clients et fournisseurs.

Ensuite, des stratégies de développement interne:

- de *leader*, l'innovation est alors recherchée dans

toutes les technologies concernées ;

- de *suiveur*, l'ambition n'est que de maintenir la position au même niveau que les autres en limitant les risques ;
- de *créneau*, l'innovation est circonscrite seulement à certaines technologies de différenciation.
- de *rationalisation* enfin, qui concentre les efforts sur quelques technologies critiques.

Comme le souligne ADL, ces choix se réfèrent à des modèles de décision qui, nécessairement gérés au niveau global de l'entreprise, peuvent être fondés, par exemple, sur les principes suivants :

– privilégier ses technologies de différenciation, si possible de manière interne ;

– s'impliquer dans au moins une des technologies montantes de son activité, tout en se tenant prêt à investir sélectivement dans d'autres qui commenceraient à avoir une influence sur le marché ;

– éviter d'investir dans les technologies émergentes qui exigent de longs délais, un niveau élevé de risque, avec un potentiel encore inconnu, surtout si l'entreprise n'est pas capable d'engager des capitaux à long terme, et d'en surveiller attentivement les développements ;

– limiter l'investissement dans les technologies de base, voire investir sélectivement.

L'analyse de potentiel que, pour notre part, nous avons développée – et évoquée à propos de la fonction « évaluation » du MRT – se caractérise par le fait qu'elle s'applique aux technologies de l'entreprise en tant que telles, et essentiellement aux technologies reconnues d'importance stratégique (technologies de différenciation). Elle consiste à relativiser les atouts technologiques de l'entreprise en fonction de leurs attraits, tels le potentiel de progrès (limites technologiques) ou le degré d'attractivité général (tout ce qui contient un microprocesseur est « moderne », donc j'en mets partout... ;

exemple : les jouets).

Dans une telle démarche, le choix des critères d'atouts ou d'attraits, leur hiérarchisation et leur pondération, constituent une étape essentielle, par la confrontation qu'ils impliquent entre les différentes fonctions de l'entreprise, et par l'obligation faite à celle-ci de valider leurs évaluations par l'expérience ou une étude approfondie de l'environnement (complément n° 3).

Ces analyses de potentiel mettent en évidence certaines orientations de nature stratégique, indépendantes, dans une certaine mesure, des produits eux-mêmes ; elles sont relatives, par exemple, à la qualité de la formation aux technologies nouvelles, à l'étendue de la diffusion interne du savoir, à la politique de surveillance de l'environnement scientifique et technologique.

Reportées sur la matrice technologies/produits, les conclusions de l'analyse permettent de porter une appréciation globale sur le potentiel technologique de développement de chaque produit et de chaque activité pour servir à l'analyse de leur positionnement concurrentiel.

Une caractéristique de cette analyse est l'importance que, à la différence de bien d'autres auteurs, nous attachons, dans le choix des atouts, à ceux qui relèvent de facteurs humains, tels que : étendue de la maîtrise, sauvegarde du savoir, comportements d'ouverture, capacités d'innovation des structures. Car la stratégie de développement technologique de l'entreprise ne se résume pas aux seuls programmes de recherche et développement ; elle est aussi concernée par la gestion des expertises et compétences (recrutement, formation), ou l'évolution des comportements individuels et des organisations dans un sens favorable à l'innovation comme à l'ouverture vers l'extérieur. La stratégie de développement des systèmes d'information, donc des capacités de veille technologique, fait, dans cette optique, partie de la stratégie de développement technologique.

Notons que pour chaque technologie le rapprochement des résultats de cette analyse de potentiel technologique avec ceux de l'analyse de compétitivité proposée par E.B. Roberts, offre une occasion supplémentaire de dialogue entre les fonctions marketing et les fonctions R et D, ainsi que des voies complémentaires à la réflexion stratégique (voir compléments n° 2 et 9, notamment la figure intitulée « synthèse »).

Enfin, nous l'avons évoqué (voir p. 93), il est possible, à l'aide du tableau servant de support à l'inventaire des technologies, de mettre en évidence l'existence, implicite ou explicite, volontaire ou « historique », de stratégies axées soit sur les technologies, soit sur les marchés.

Les premières consistent à développer tous les produits possibles autour d'un ensemble privilégié de technologies afin d'exploiter de façon optimale la totalité de potentiel et des atouts technologiques de l'entreprise.

Les secondes s'efforcent de « décliner » (par développement interne ou externe) toutes les technologies nécessaires à l'entreprise pour rester sur son marché ou pour exploiter tous les atouts, notamment commerciaux, dont elle dispose avec certains de ses produits (voir complément n° 9).

L'entreprise devra s'interroger pour savoir si elle doit ou non accentuer, de façon délibérée et explicite, les tendances déjà apparues ; à moins que l'absence de tendance ou, au contraire, la coexistence des deux modes stratégiques ne lui fasse l'obligation d'un choix, sauf à courir le risque d'être médiocre sur trop d'axes technologiques ou dans trop d'activités.

*

* *

Ainsi, nous pouvons mettre aujourd'hui à la disposition de l'entreprise une gamme importante d'outils d'analyse et de synthèse qui lui permettent de mieux maîtriser le développement de ses ressources technologiques au sens large que nous lui avons donné.

Suivant sa culture, la nature de ses activités, les situations auxquelles elle doit faire face, elle choisira tel ou tel outil, ou telle combinaison de plusieurs d'entre eux, à moins que, s'en inspirant, elle ne construise les siens propres.

Mais, quels qu'ils soient, ils ne seront efficaces que s'ils ne restent pas l'exclusivité d'une unique fonction de l'entreprise, mais constituent des outils de dialogue, lucide et sans complaisance, entre ses différentes fonctions : technologiques, marketing et humaines.

Enfin, ces outils ne resteront crédibles que dans la mesure où, grâce à une définition précise des facteurs critiques à surveiller, et à la mise en place d'une veille technologique sélective, les données qu'ils utilisent seront remises en cause, courageusement, dès qu'un événement nouveau le justifiera.

## Transfert de technologies, stratégie d'alliance, stratégie internationale

Le Management des Ressources Technologiques pose clairement le problème des relations de l'entreprise avec le marché de la technologie ; celui-ci constitue indiscutablement un thème de réflexion stratégique qui doit s'inscrire en bonne place dans les préoccupations de la direction générale lorsqu'il s'agit pour elle d'accompagner, soutenir, enrichir, soit sa stratégie de développement technologique, soit sa stratégie d'alliance et de développement international.

Ainsi, la *cession de technologies* (voir complément nº 8) offre à l'entreprise une occasion de valoriser de façon optimale ses ressources technologiques, et de mieux amortir ses investissements de recherche. C'est aussi une voie d'enrichissement, car elle oblige l'entreprise à jeter un regard critique sur elle-même dans l'effort de formalisation qu'elle doit s'imposer pour transformer sa technologie en un produit commercialisable, ou lors de sa confrontation, sans merci, avec ses concurrents, ou encore quand elle doit remettre en cause ses propres savoirs, si éprouvés soient-ils, pour les adapter à des contraintes ou contextes nouveaux, parfois à des contraintes inhabituelles pour elle (conditions climatiques ou environnement culturel d'un pays étranger, normes de pollution ou évolution sociale dans son propre pays).

Encore faut-il que la stratégie de cession soit explicitement définie à tous les niveaux et reflète la détermination de la direction générale. Car, quels que soient ses objectifs au regard du seul Management des Ressources Technologiques, elle a toujours des implications en termes de stratégie internationale : maintien, par la voie industrielle, d'alliances judicieuses, création de courants d'affaires de type nouveau, réactivation d'une présence commerciale dans un pays, pénétration de nouvelles zones géographiques, ou encore accès à de nouvelles sources d'approvisionnement.

Il ne peut s'agir que de perspectives à relativement long terme, ne serait-ce qu'en raison du temps nécessaire pour mener à bien des opérations de transfert ; leurs conséquences comparées sur la stratégie des produits et sur le développement technologique ultérieur doivent être appréciées avec soin, de même que les obligations engendrées sur une longue période par la coopération industrielle qu'elle implique en général, tout cela en tenant compte du cycle des évolutions technologiques.

La stratégie étant claire, il est alors possible d'entreprendre utilement une analyse des technologies transférables, la transférabilité étant évaluée de façon aussi objective que possible en fonction des caractéristiques intrinsèques de chaque technologie et de celles du marché.

Parmi ces caractéristiques :

— intérêt pour un investisseur d'acquérir cette technologie

— compétitivité et potentiel technologiques

— possibilités de contrôle de ses exploitants

mais aussi :

— disponibilité actuelle et future des hommes qui en ont la maîtrise

— degré de formalisation (du petit carnet du contremaître jusqu'au document émanant du bureau d'études)

— appréciation de sa valeur intrinsèque

— facilité de mise en œuvre et contraintes de nature logistique ou culturelle imposées à son acquéreur

— capacité de l'entreprise à l'adapter d'un contexte différent.

L'élaboration d'une stratégie de cession de technologie nécessite donc une démarche complète, une analyse fine de toutes les contraintes et, bien évidemment, une définition précise du « produit » transféré, comme des modalités de son transfert et des moyens nécessaires pour le réaliser.

Bien qu'il traite d'échanges sectoriels, un exemple d'une telle démarche est donné dans une étude récente du ministère de l'Industrie consacrée aux perspectives de la coopération industrielle franco-japonaise[11]. Une grille d'analyse des positions technologiques et concurrentielles, inspirée d'ADL, met en évidence trois zones de compétitivité, de complémentarité et de fragilité qui, suivant les cas, justifient des stratégies de développement autonome, ou des stratégies plus ou moins ouvertes et fermées sur le plan national.

Mais, rappelons-le, toute stratégie d'alliance, surtout si elle est fondée sur le transfert de technologie, ne peut être et ne doit être abordée qu'accompagnée d'une véritable stratégie de propriété industrielle définie en fonction des objectifs du développement international.

*L'acquisition des technologies*, quant à elle, est une voie « évidente » d'enrichissement du patrimoine de l'entreprise dont la responsabilité ne peut être laissée à la seule direction de la R et D.

D'abord, parce qu'une stratégie d'acquisition ne peut être disjointe d'une stratégie de cession ; les deux constituent un tout : la stratégie d'alliance de l'entreprise, au service de la stratégie de développement international, d'une part ; de la stratégie de développement technologique, d'autre part.

En outre, une stratégie d'acquisition de technologies reflète une détermination : s'obliger à choisir entre recherche interne ou transfert. Elle traduit aussi le souci de saisir toutes opportunités de progrès dans les filières actuelles, ou de diversification dans des filières nouvelles.

Dans les deux cas, elle suppose une maîtrise des moyens internes ou externes de veille technologique, une gestion des flux d'information au sein de l'entreprise, des introductions sur le marché de la technologie ; nous avons vu l'importance qu'il convient de donner à l'analyse, concertée entre hommes de recherche et hommes de marketing, des zones où les menaces et opportunités peuvent avoir une portée stratégique.

On ne dira jamais assez que le développement de la force industrielle japonaise s'est faite et se poursuit grâce à une volonté délibérée d'intégrer toutes inventions, d'où qu'elle vienne, pour consacrer ses moyens de développement à aller au-delà ou ailleurs.

Pour ces diverses raisons, la stratégie d'acquisition est toujours un fait de direction générale.

En réalité, pour ce qui concerne la France, l'intérêt d'une telle stratégie ne semble guère être reconnu, si l'on en juge par les parts respectives des innovations réalisées à partir d'inventions étrangères : 15 % au Japon (voir p. 51) et... 0 % en France[4]. Il s'agit là d'un fait culturel, qui se traduit chez les dirigeants d'entreprise par une insuffisante implication de leur part, chez les pouvoirs publics par l'idée que les échanges technologiques ne doivent être encouragés que s'ils contribuent à l'amélioration de la balance des paiements.

On ne dira pourtant jamais assez que la force industrielle japonaise s'est faite et continue à se développer par la volonté délibérée d'intégrer toutes les inventions, d'où qu'elles viennent, de façon à consacrer les moyens de développement dont on dispose pour aller au-delà, ou ailleurs ; le déficit de leur balance brevets n'a pas si mal réussi aux Japonais et devrait donner lieu à réflexion sur la façon d'assurer, dans des conditions d'efficacité optimale, l'enrichissement du capital technologique d'un pays.

Si devait persister une telle erreur d'appréciation sur le rôle positif, pour le développement de l'industrie, des acquisitions de technologies, on peut craindre qu'un grand danger menace l'industrie française : celui d'un repliement technologique sclérosant dans un monde où seuls survivront, ou maîtriseront leur avenir, ceux qui, perméables au flux des échanges de technologies, seront prêts à répondre à toutes interpellations du progrès technique, d'où qu'il provienne.

Certes, développer les capacités françaises en matière de recherche est essentiel, notamment dans certains secteurs où la France détient ou partage un certain leadership. Mais il faut aussi qu'une attention extrême soit accordée à tout ce qui peut favoriser une politique d'acquisition ou d'alliances ; dès lors que nous ne pouvons prétendre être les meilleurs partout, nous devons faire des choix dans l'affectation de nos ressources à la recherche d'une part, aux acquisitions d'autre part. Faute de quoi, sous prétexte d'indépendance, nous serions exclus des domaines où la fécondation technologique serait insuffisante ; nous ne pourrions même plus procéder aux innovations d'amélioration et de différenciation nécessaires au développement maîtrisé de notre compétitivité industrielle.

## Management des ressources technologiques et management des ressources humaines

Dans chacune de ses phases, l'analyse des six fonctions du Management des Ressources Technologiques a mis en relief les relations étroites qui existent entre ressources technologiques et ressources humaines ; nous pouvons parler d'interprétation, tant les deux réalités sont indissociables.

Tout d'abord, la transmission du patrimoine technologique – qu'elle se fasse par l'intermédiaire de mémoires vives (transmission orale) ou de mémoires mortes (documents, banques de données) – suppose savoir, action, expérience. Mais, surtout, la ressource humaine se révèle, nous l'avons observé, meilleur agent de transfert que le support écrit. Un manuel de cuisine peut décrire avec un maximum de détails l'art et la manière de faire monter une mayonnaise ; il n'enseignera jamais le « coup de main », qui reste l'apanage du maître queux. Il y a quelques années, un métier a failli se perdre en France : celui de bourrelier ; la mode de l'équitation a relancé la demande avant que disparaissent les quelques maîtres capables de transmettre leur savoir. De même, lorsque les perturbations sur le prix de l'énergie ont redonné une rentabilité au tramway, on s'est aperçu qu'il ne restait en France qu'une poignée de spécialistes du rail creux, et qu'ils étaient tous à la veille de la retraite.

Cette relation intime entre ressources technologiques et ressources humaines n'est pas caractéristique d'une époque passée ; c'est une constante ; on l'observe à tous les âges de l'histoire des hommes, dans l'industrie moderne comme dans l'artisanat d'hier. La turbulence technologique actuelle et l'émergence de technologies de pointe ne doivent pas faire illusion : elles exacerbent la sensibilité aux impératifs technologiques, elles n'en gomment pas pour autant la composante humaine.

C'est dire que toute action, toute décision relative aux ressources humaines de l'entreprise a un impact, parfois très important, sur ses ressources technologiques ; chaque composante du Management des Ressources Humaines (recrutement, formation, incitation, communication, organisation) a un lien étroit avec le Management des Ressources Technologiques, et singulièrement avec la gestion prévisionnelle des expertises et des compétences.

### Recrutement

Si l'entreprise décide de recruter un personnel complémentaire, c'est pour combler une lacune ou remédier à une carence ; elle accroît son patrimoine de compétences dans une spécialité précise qui faisait défaut. L'enrichissement est voulu, volontaire, sans surprise, c'est un acquis délibéré ; encore faudra-t-il, au fil de la carrière, ne pas perdre de vue les domaines initiaux d'expertise, souvent oubliés au profit des derniers acquis et reconnus.

Mais il est rare que, par un effet second, un recrutement n'introduise dans le patrimoine de l'entreprise des compétences supplémentaires imprévues. Celles-ci aussi doivent être recensées ; sans le rechercher de façon délibérée, les entreprises qui travaillent outre-mer apprennent, grâce au personnel recruté sur place, certains modes d'adaptation aux conditions de vie locale : culture de l'hévéa pour les caoutchoutiers en Extrême-Orient, utilisation des médecines douces pour les pétroliers au Sahara, etc. (parallèlement, ces nationaux acquièrent de l'entreprise non seulement une formation technologique, mais aussi une accoutumance à des comportements sociaux, économiques et organisationnels différents).

### Gestion prévisionnelle des compétences

En gestion prévisionnelle, il ne s'agit pas seulement de constater un vide pour le combler, ou une expertise imprévue pour en tirer parti ; il faut aussi faire en sorte que le recrutement réponde par avance à une évolution prévisible ou recherchée, qu'il garantisse par exemple que le départ d'un expert ne constituera pas une perte irréparable pour l'entreprise, ou que la structure démographique de celle-ci restera à même d'assurer un bon équilibre de son patrimoine d'expertises.

Il arrive souvent que l'entreprise, à sa création, réunisse une première équipe de jeunes, compétents, dynamiques, innovateurs, puis soit obligée d'attendre une croissance nouvelle, ou l'imminence du départ à la retraite de l'équipe initiale pour recruter à nouveau des jeunes. Le danger est double : d'une part, les experts, même les meilleurs, ont tendance à se scléroser, leurs capacités de renouvellement et d'innovation s'émoussent alors qu'il est souhaitable de revivifier en permanence le patrimoine de l'entreprise par l'apport de savoirs neufs ; d'autre part, il faut éviter qu'un vide entre une classe âgée et une classe jeune d'experts ne constitue une source de déséquilibres et de difficultés au moment où la première cessera ses activités.

Certes, il est malaisé d'utiliser, pour l'entreprise, les « pyramides » des démographes, car l'âge n'est pas le seul critère de gestion à prendre en compte. Mais il ne faut pas non plus privilégier les seules capacités acquises par chacune des fonctions, comme le font les nombreuses entreprises qui mettent en place des dispositifs de gestion prévisionnelle du personnel d'encadrement. Il faut aussi gérer, à tous les niveaux de la hiérarchie, les compétences et savoirs à entretenir, à sauvegarder, à enrichir.

La gestion des fonctions d'autorité oblige à se demander : quels sont les critères requis pour remplir les différentes fonctions ? Comment évoluera la carrière de leurs titulaires actuels ? Qui sont le mieux préparés pour les remplacer le moment venu, et dans quelles conditions ? Comment combler les vides en cas de disparition brutale ?

De même, appliqués aux compétences et savoirs, des dispositifs analogues de gestion obligeront à se demander : quelles expertises avons-nous, devrions-nous avoir ? Comment évolueront les experts actuels ?...

Une gestion prévisionnelle efficace des ressources humaines pourra alors favoriser les équilibres entre savoirs nouveaux et expériences éprouvées, se soucier de l'adéquation, aux différents âges, des domaines de compétences avec les besoins présents et futurs de l'entreprise, assurer la pérennité des savoir-faire, l'évolution vers de nouveaux métiers, le brassage des expériences.

La pyramide des compétences pourra ainsi être gérée de façon à présenter aussi peu de failles que possible, quantitatives (un arrêt de recrutement créerait un creux comparable à ceux des saignées des guerres mondiales dans les pyramides des âges) ou qualitatives (le recrutement dans une seule branche ou un seul domaine d'activité créerait des distorsions).

Bref, à travers le recrutement doit se manifester la

préoccupation de gérer, même imparfaitement en raison du manque de techniques éprouvées, le turn-over interne et externe des expériences et des savoirs.

## Formation

En matière de gestion prévisionnelle, pour assurer l'acquisition ou le renouvellement des savoirs, la formation est évidemment le complément naturel du recrutement. Tâche difficile, car ceux qui détiennent ces savoirs ne sont pas toujours des formateurs, ne savent souvent communiquer qu'une partie de leurs connaissances, parfois occultent, volontairement ou plus couramment involontairement, certains de leurs « tours de main ». Dans le même temps, il arrive que le récipiendaire « refuse » certains enseignements tout en tirant des bénéfices inattendus de certains autres.

En règle générale, la transmission des savoir-faire se fait mal. L'efficacité de la formation est rarement bonne, alors qu'elle est, avec le recrutement, un des leviers les plus efficients de l'enrichissement du patrimoine technologique.

Là encore, la gestion prévisionnelle des compétences et expertises doit éclairer les décisions à prendre en matière de formation technologique, au lieu de les laisser, comme c'est le cas trop souvent, à l'initiative de chacun, au hasard de ses lectures, de ses rencontres, de ses hobbies.

Sans vouloir tout régenter, du moins faut-il assurer, par brassage, un renouvellement des experts, donc, le moment venu, leur réaffectation, formatrice pour eux mais aussi pour leur entourage, dans des structures d'accueil différentes mais de vocation complémentaire, ou enfin leur transfert temporaire au sein de groupes projets.

Il faut ensuite pallier le vieillissement naturel des savoirs. En matière de technologie, les connaissances acquises à un moment donné – par exemple à la sortie de l'école – sont rapidement dépassées. En dehors de ceux qui, affectés à des fonctions de recherche-développement, approfondissent leur culture et renouvellent naturellement leurs connaissances, les cadres risquent de se trouver dans l'impossibilité de suivre les développements de la technologie (autrement que par les informations grand public qui les sollicitent comme tout le monde) ; les difficultés de compréhension entre eux et les spécialistes risquent de s'accroître, leurs capacités à innover – par intégration, dans leurs préoccupations, des données scientifiques et techniques nouvelles – risquent de se réduire.

Dans le cadre de la formation permanente devrait prendre place un programme d'actualisation des connaissances aussi ouvert et varié que possible, afin de sensibiliser les ingénieurs et techniciens à l'évolution des techniques et des idées en dehors de leurs domaines propres de compétences. Tel est le but des « Journées de la technologie » organisées chaque année par le groupe Péchiney ; ouvertes à tous les non-spécialistes, elles leur permettent de rencontrer des experts extérieurs sur des sujets aussi divers que le laser industriel ou les nouvelles données de la thermodynamique appliquée.

## Capacités d'échanges

Mais qui dit formation dit aussi information, c'est-à-dire capacité à partager le savoir qu'on détient, capacité à écouter et à recevoir de l'information. Le temps n'est plus où une élite était censée tout connaître et transmettait ses instructions à des exécutants passifs, par l'intermédiaire d'une hiérarchie qui, soucieuse de préserver son pouvoir, délivrait avec parcimonie les informations et le savoir qu'elle avait pu elle-même capter au passage.

L'élévation du niveau général de culture et de formation, la décentralisation des organisations (d'ailleurs encore mal adaptées à recevoir un potentiel aussi important de connaissances), la formidable contagion technologique qui subordonne le devenir technologique de l'entreprise à de multiples influences qu'elle ne peut contrôler (fournisseurs, clients, concurrents, normes...), font que le flux d'informations se répand dans tous les sens et imbibe l'entreprise comme un liquide une éponge ; encore faut-il que les comportements et les structures soient tels que, comme un corps vivant irrigué par le sang nourricier, l'entreprise sache y puiser ce qui lui est nécessaire.

Le management devra attacher une attention croissante à développer la capacité des hommes à recueillir, à gérer, à exploiter, à diffuser le flux nourricier de l'information technologique ; d'autant que, nous l'avons dit, souvent les jeunes sont mal préparés, pendant leurs études, à l'exploitation organisée, systématique, préalable à tout autre investissement intellectuel, des sources d'informations existantes, bibliothèques ou banques de données.

Les responsables de l'éducation, des universités et des écoles d'ingénieurs devraient s'interroger à ce sujet sur le rôle qu'il leur appartient de jouer pour contribuer à surmonter cet obstacle culturel du repliement sur soi, reflet d'un amour-propre et d'un individualisme mal compris.

### Formation institutionnalisée et formation « in vivo »

Il apparaît en tout cas clairement que la formation institutionnalisée, celle dont on parle, qui bénéficie de l'attention générale, n'est qu'un facteur parmi d'autres d'enrichissement et de sauvegarde du patrimoine de l'entreprise. Il ne faudrait pas que l'importance qu'on lui attache, probablement parce qu'elle est plus aisée à définir et à gérer, occulte cette formation sur le tas par l'échange *in vivo*, héritière du compagnonnage, dont on ne voit pas pourquoi les vertus éprouvées ne seraient pas toujours d'actualité.

On notera qu'en plaçant la formation formelle, institutionnalisée, dans le cadre plus général du Management des Ressources Technologiques, on s'impose de nouvelles exigences, de remise en cause permanente (inventaire, évaluation) et d'efficacité maximale ou seulement de « non-gaspillage » (optimisation) ; on ne doit plus parler de l'obligation faite aux chefs d'entreprise de s'intéresser à la formation, mais plutôt les sensibiliser à la nécessité de gérer leur patrimoine technologique ; la formation suivra alors naturellement.

### Évolution des carrières

Un dernier facteur important d'une gestion prévisionnelle efficace des compétences et des expertises est la possibilité de favoriser l'itinéraire de carrière de ceux qui se consacrent, pour l'essentiel, au développement du patrimoine technologique.

Malheureusement, les entreprises ne manifestent souvent qu'une capacité limitée à motiver leurs propres cadres en faveur de la technologie ; les conséquences de cette carence risquent d'être dramatiques, bien que difficiles à apprécier.

Faut-il accepter comme inéluctable que certaines filières – marketing, finances, etc. – soient seules reconnues comme les voies royales assurant des carrières brillantes, des rémunérations élevées et un haut niveau de considération, alors que d'autres – les filières techniques – n'ouvriraient droit qu'à une évolution personnelle plafonnée, sauf à acquérir les formations complémentaires pour accéder aux voies royales ? A tel point que, il y a encore peu de temps, certaines écoles supérieures, réputées pour la qualité de leur formation technologique, avaient cru devoir se mettre à l'unisson des grandes écoles de gestion, au détriment de ce qui constituait leur vocation profonde.

Il existe cependant des exemples d'entreprises où la supériorité de la technologie sur la gestion est affirmée. Le plus célèbre est celui du transport aérien, dont un dixième du personnel (les pilotes) se partage 50 % de la masse salariale, le président n'ayant que le trentième salaire et le directeur général le centième.

Aujourd'hui, le souci d'un management efficace des ressources technologiques et des ressources humaines doit être d'offrir des perspectives de carrière aussi valorisantes, notamment vis-à-vis de leurs pairs de la communauté scientifique, à ceux qui, du fait de leur caractère, de leur comportement, de leur culture, resteront dans la filière technologique, et contribueront à préserver et à développer le patrimoine technologique de l'entreprise, qu'à ceux qui, du fait de leurs fonctions et de leurs aptitudes pour la gestion ou le commandement, contribuent à préserver et à développer les autres éléments du patrimoine.

## Une voie royale nouvelle : la gestion du patrimoine technologique

La mise en œuvre de la démarche managériale ainsi suggérée est, en fait, porteuse d'une révolution qui corrige le déséquilibre créé au profit de certaines fonctions telles le marketing ou les finances, au détriment de la technologie.

Il ne s'agit pas de substituer telle valeur à telle autre, mais de reconnaître, voire de proclamer, par l'égale considération qu'on attache aux hommes, l'égale importance qu'on attache aux ressources dont ils ont la charge ; chacune d'elles, comme l'a bien montré Philippe de Woot dans ses études, constitue l'un des maillons de la chaîne-entreprise, dont on sait que la faiblesse sera celle du maillon le plus fragile.

On peut enfin penser – les ressources technologiques ayant acquis leur droit d'entrée dans la cité des vénérables de la réflexion stratégique où siègent depuis si longtemps les ressources financières, depuis moins longtemps les ressources marketing, depuis peu les ressources humaines, et où siégera bientôt, à l'évidence, la ressource information – que, ses lettres de noblesse étant accordées au Management des Ressources Technologiques, la réconciliation sera ainsi scellée, au plus haut niveau, entre technologie, gestion et stratégie, et que l'évolution naturelle des choses incitera les meilleurs de nos ingénieurs à choisir de suivre jusqu'au bout, avec détermination et persévérance, la *voie royale* nouvelle qui leur est ouverte : la *gestion du patrimoine technologique*.

Cette remobilisation des ressources humaines à l'égard de la technologie est la condition de l'indispensable renouveau culturel sans lequel il est exclu que nos entreprises puissent rester longtemps présentes sur le champ où se joue la plus rude bataille à mener, celle du progrès technologique.

# CHAPITRE II

## *De la stratégie de portefeuille à la stratégie d'optimisation des ressources*

### La stratégie de portefeuille

Les concepts de management et, avec eux, les outils développés depuis une vingtaine d'années, aujourd'hui assez largement connus et utilisés, ont eu pour effet de focaliser la réflexion stratégique sur la stratégie d'évolution des activités en portefeuille, et singulièrement sur la stratégie d'évolution de leur part de marché.

Cette réduction de l'entreprise à son portefeuille d'activités s'est trouvée renforcée par la nécessité « opérationnelle » de cloisonner ce portefeuille avec la plus grande attention, de façon à rendre aussi indépendantes que possible les démarches de réflexion stratégique afférentes à chacun des segments d'activité.

Pendant longtemps, cette vision « verticale », segmentée, de l'entreprise n'a connu qu'une exception :

le souci « transversal » d'utiliser de façon optimale l'ensemble des ressources financières, alpha et oméga de la stratégie de portefeuille.

FIGURE 17

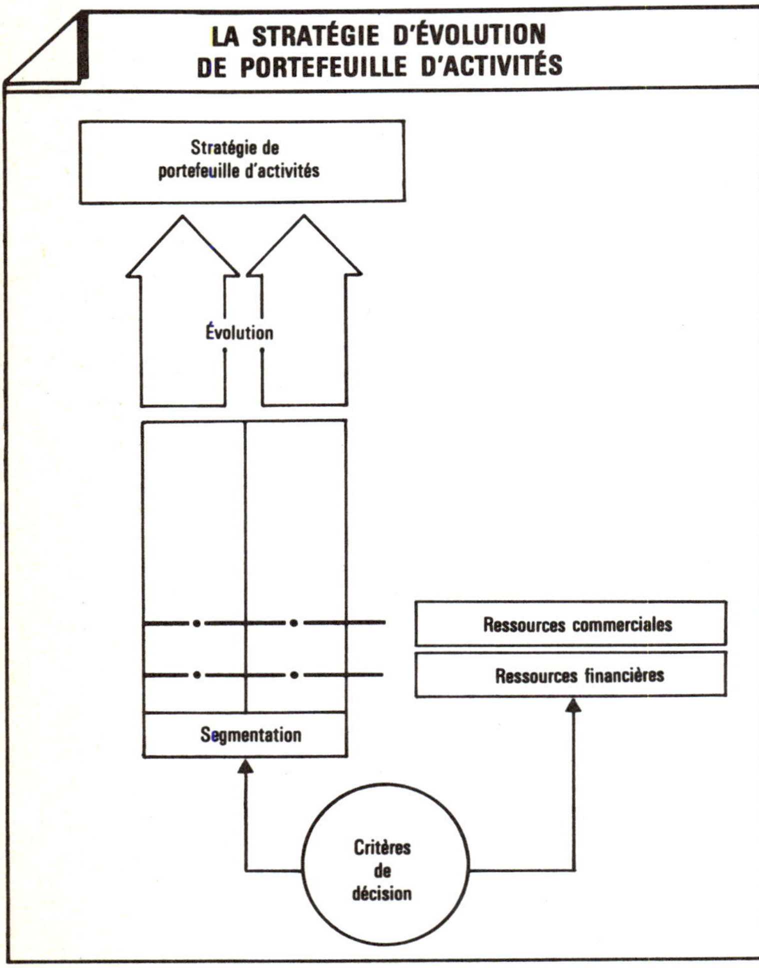


Puis les ressources commerciales, sans toutefois avoir jamais eu droit à la même considération que les ressources financières, ont constitué une deuxième exception, grâce notamment au développement des méthodes de marketing-mix et à la nécessité de créer une force de vente internationale commune à l'ensemble des segments d'activités.

Enfin, entraîné par le mouvement des relations humaines, en 1965 aux États-Unis, en 1968 en France, l'accent a commencé à être mis sur le management des ressources humaines, sans qu'on pût encore le qualifier de stratégique tant l'horizon qu'il embrassait reste rapproché.

## Ressources technologiques, ressources stratégiques

Or il paraît maintenant clair, et les propos qui précèdent n'ont fait que le souligner, que l'entreprise ne peut se permettre de limiter son souci d'optimiser ses ressources à ses seules ressources financières. Ce qui pouvait se concevoir en période de croissance continue (et supposée éternelle) est aujourd'hui devenu l'expression d'une myopie parfois fatale, totalement inadaptée aux exigences actuelles de l'environnement.

C'est le cas des ressources technologiques, désormais facteur-clé de la stratégie de l'entreprise ; l'optimisation de leur emploi est une condition déterminante de sa survie, de son développement et surtout de son redéploiement.

La stratégie de l'entreprise, aujourd'hui, n'est plus seulement la meilleure réponse concurrentielle aux impératifs des marchés sur lesquels se trouvent, ou devraient se développer, ses activités ; elle doit aussi traduire une volonté interne d'exploiter au mieux ses propres potentialités. Les pressions qui poussent l'entreprise à évoluer ne doivent pas être seulement exogènes, mais aussi endogènes.

**FIGURE 18**

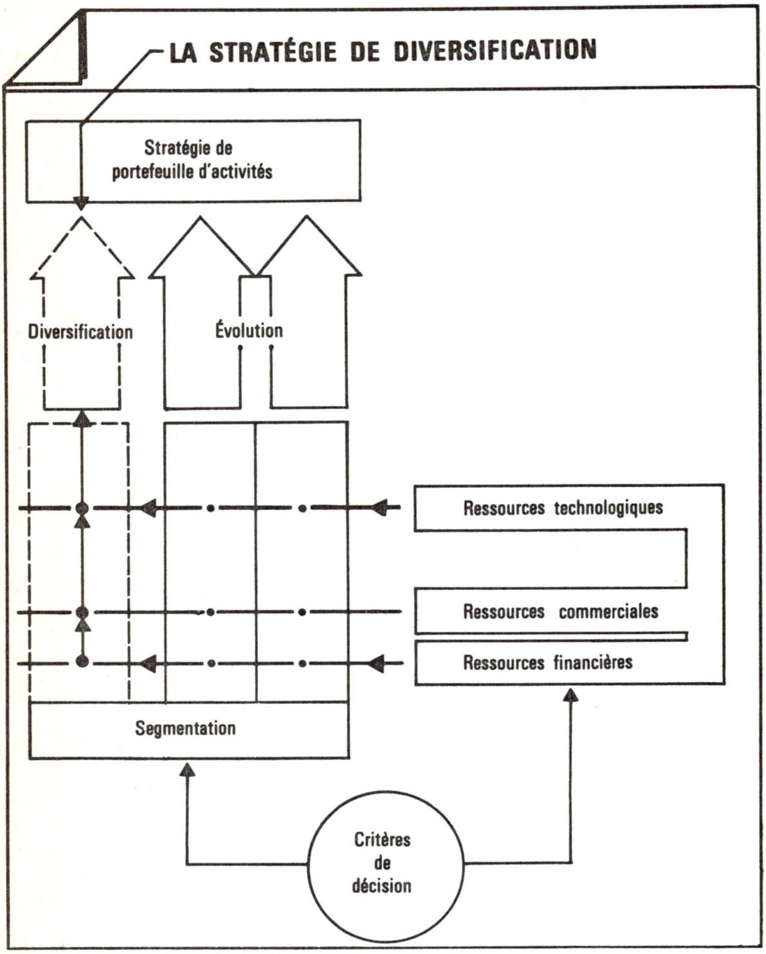


Les exigences stratégiques d'aujourd'hui imposent à l'entreprise de jeter sur elle-même ce nouveau regard que lui permet un véritable Management de ses Ressources Technologiques, comme, il y a presque vingt ans, la révélation des impératifs du jeu concurrentiel lui a imposé d'adopter les démarches et les outils du marketing et d'en diffuser largement l'esprit dans l'ensemble de l'organisation.

Il ne s'agit aujourd'hui ni de revenir à l'ère pré-marketing qui privilégiait les forces de production, ni, en reniant le passé plus récent, de donner un coup de barre qui fasse virer le navire du bord marketing au bord technologie; il faut au contraire naviguer judicieusement, entre le vent arrière de la croissance facile et le « plus près » du risque permanent, mais contrôlé, de l'innovation technologique, sur ce cap médian d'une « stratégie-carrefour » qui permet au navire, véritablement maître de lui-même, de répondre avec souplesse et détermination aux sollicitations extérieures et tout à la fois de donner le meilleur de lui-même.

## Marketing et MRT

Loin de s'affronter, marketing et Management des Ressources Technologiques se complètent donc de façon intime dans leurs finalités stratégiques ; mais cette intimité peut aussi être vécue au quotidien par la vertu même du Management des Ressources Technologiques, puisque chacune de ses fonctions-clés est une occasion de dialogue, de réflexion commune et d'interpellation réciproque :

- Inventaire, quand il s'agit de faire choix d'une typologie et de prendre cette décision essentielle d'arrêter la liste des technologies de différenciation, ou de découvrir, dans la matrice technologie/produit, les lignes de force d'une stratégie implicite ;
- Évaluation, quand il faut apprécier par une voie ou par une autre la compétitivité et le potentiel technologique de l'entreprise ;
- Surveillance, quand on doit décider des zones de l'espace multidimensionnel (produits, marchés, technologies) sur lesquelles il est impératif de mettre en place une veille technologique ;

- Optimisation, quand il faut rechercher si un autre emploi des ressources technologiques est susceptible de trouver un marché rémunérateur ;
- Enrichissement, quand vient le temps de bâtir le programme de développement technologique – programme de recherches ou d'acquisition –, puis de mener un projet d'innovation, par étapes successives d'un contrôle concerté, jusqu'à son terme de commercialisation ;
- Sauvegarde, enfin, quand il s'agit d'arrêter une stratégie de propriété industrielle qui soit conforme aux impératifs de la stratégie internationale.

Et puis, nous l'avons dit, il est essentiel au renouvellement continu de l'entreprise d'entretenir l'esprit d'innovation d'abord par un courant permanent d'échanges, formels ou informels, entre ceux qui savent le mieux apprécier les possibilités internes de l'entreprise, face aux menaces et opportunités du progrès technologique, et ceux qui, vivant dans l'environnement concurrentiel, sont les plus sensibles aux possibilités externes de les exploiter sous conditions éventuelles de les adapter, entre ceux qui savent détecter les menaces et opportunités du marché et du jeu concurrentiel et ceux qui sont les mieux avertis des réponses technologiques possibles.

Le lien intime entre marketing et Management des Ressources Technologiques n'est pas seulement dû à ces exigences d'efficacité stratégique ; il réside aussi dans la similitude de leurs contributions respectives au processus commun de réflexion stratégique, de leurs démarches qui s'entrecroisent pour enfin s'intégrer dans la stratégie globale de l'entreprise.

FIGURE 19

| Marketing et MRT | |
|---|---|
| — gestion du portefeuille client | — gestion du portefeuille de technologies |
| — étude des marchés | — veille technologique |
| — efficacité de la force de vente | — performances des moyens de production |
| — plan marketing | — plan de développement technologique |
| — politique de marques | — politiques de brevets |
| — stratégie marketing | — stratégie recherche-développement et transferts de technologies |

(Voir Complément n° 10)

## Une illustration : la diversification

Nous l'avons évoquée précédemment à propos de l'exploitation qui peut être faite d'une « lecture » judicieuse de la matrice d'inventaire technologies-produits ; les stratégies axées sur la technologie sont des stratégies de diversification par lesquelles l'entreprise cherche de nouveaux ensembles « produits-distribution-marchés », lesquels, parfois assez éloignés des ensembles actuels, exploiteront comme ces derniers le plus grand nombre des compétences présentes dans l'entreprise.

Ce dernier point est essentiel, car beaucoup d'entreprises se sont lancées vers des activités nouvelles sans avoir défini au préalable le socle sur lequel serait fondée leur diversification ; gardons en mémoire que le ticket d'entrée dans une nouvelle activité est d'autant moins coûteux, à terme tout au moins, que le socle de la diversification sera plus large.

Cela est vrai dans tous les cas, y compris celui d'une diversification financière par laquelle une entreprise cherche à faire un placement par l'acquisition d'une société n'ayant aucun lien avec ses activités présentes : car qui peut affirmer qu'elle n'aura pas un jour à prendre des décisions graves concernant le management de cette nouvelle filiale ? Comment choisira-t-elle avec sûreté un nouveau dirigeant si elle n'a pas une connaissance suffisamment profonde de ce que sera le métier de celui-ci et le profil managérial qu'il implique ?

Il importe aussi de ne pas sous-estimer l'importance des différences culturelles et la difficulté de les gérer. Ainsi le cadre d'une grande entreprise, quelles que soient par ailleurs ses qualités, n'a pas un « esprit entrepreneur » de même nature que celui du dirigeant d'une P.M.I. ; de même, le concept de risque familier à la direction financière d'une grande entreprise de production industrielle n'est pas identique à celui qu'implique la gestion d'une entreprise de bâtiment ou d'une société d'ingénierie, la qualité commerciale exigée par certaines activités aval n'est pas de même nature que celle exigée en amont, etc.

C'est pourquoi il est impératif que la diversification fasse appel à une démarche précise qui intègre très étroitement les capacités d'analyse, d'imagination, de synthèse des hommes de marketing et des hommes de la technologie, ne serait-ce que pour expliciter les objectifs de la diversification après que l'entreprise se sera assurée qu'elle n'a pas d'autres voies pour les atteindre que de prendre le risque de s'engager sur un terrain moins familier.

Mais la clé de voûte de la démarche sera bien évidemment l'inventaire des ressources effectué et évalué en commun ; et, par ressources, entendons toutes les ressources, c'est-à-dire technologiques, commerciales, mais aussi humaines, financières et informatives.

## MRT : une fonction nouvelle ? Un élargissement de fonctions existantes ?

Ces réflexions sur le Management des Ressources Technologiques ne donneraient lieu qu'à de vaines intentions si l'ensemble de ces préoccupations restait dispersé à l'intérieur de l'entreprise et n'était pas, dans sa diversité, représenté concrètement, et de façon intégrée, au sein de la direction générale comme c'est le cas, dans leurs diversités aussi, des préoccupations relatives aux ressources financières (trésorerie, financement, comptabilité, audit...), aux ressources commerciales (marketing, réseau de ventes, politique commerciale, administration, contentieux), aux ressources humaines (gestion prévisionnelle, administration, représentation du personnel, développement social, sécurité).

Faute de quoi, la recherche interne ne sera peut-être pas mise en compétition avec l'acquisition de technologies à l'extérieur, l'arme stratégique de la propriété industrielle restera au fourreau, la myopie de l'entreprise à l'égard de son environnement persistera, le patrimoine accumulé ne sera pas exploité au mieux, quand il ne sera pas perdu à jamais par insuffisante prise en considération des critères d'expertise dans la gestion des hommes.

Peut-être s'agit-il moins de créer une fonction nouvelle que d'ouvrir très largement les missions de ceux qui ne sont aujourd'hui que des directeurs techniques. Quel meilleur challenge pour ceux qui désespèrent parfois de la voie qu'ils ont choisie que d'assumer un jour les missions d'un véritable gestionnaire des ressources technologiques, surtout si l'on conserve présent à l'exprit l'extension donnée au concept de « technologie » ?

## L'optimisation de l'emploi de toutes les ressources

Seules les entreprises qui seront en mesure d'aller à la bataille en mobilisant de façon concertée toutes leurs forces, toutes leurs compétences, toutes leurs ressources sur tous les fronts où elles peuvent remporter une victoire – et pas seulement celles juste nécessaires pour défendre les lignes Maginot des activités traditionnelles –, seules les entreprises qui exploiteront toutes les synergies latentes et conduiront des stratégies totales, seront en mesure d'assurer le renouvellement permanent de leurs avantages concurrentiels et le rajeunissement de leur portefeuille d'activités, conditions nécessaires d'abord à leur survie, ensuite à leur développement, enfin à l'épanouissement de leur personnel.

Cette bataille se prépare. Parfois, les entreprises éprouvent le besoin de reconstituer leurs capacités de développement par une plus grande rigueur dans la gestion de leurs ressources financières (réduction des « frais généraux ») ; aujourd'hui, il leur faut appliquer la même rigueur dans la gestion de toutes leurs autres ressources, car toutes constituent, de façon indissociable, leur patrimoine, et non pas sacrifier certaines à d'autres.

Ainsi, aux côtés de la stratégie traditionnelle d'évolution du portefeuille d'activité, s'impose aujourd'hui une *stratégie d'optimisation des ressources* de l'entreprise qui soit à la fois spécifique à chacune d'elles et combinatoire. La stratégie d'optimisation des ressources technologiques joue à cet égard un rôle éminent, comme l'a montré l'étroitesse des relations entre Management des Ressources Technologiques et Management des Ressources Humaines, entre Management des Ressources Technologiques et système d'information, mais surtout entre Management des Ressources Technologiques et marketing, avec leur impact éventuel sur la stratégie de redéploiement et de renouvellement du portefeuille d'activités.

FIGURE 20

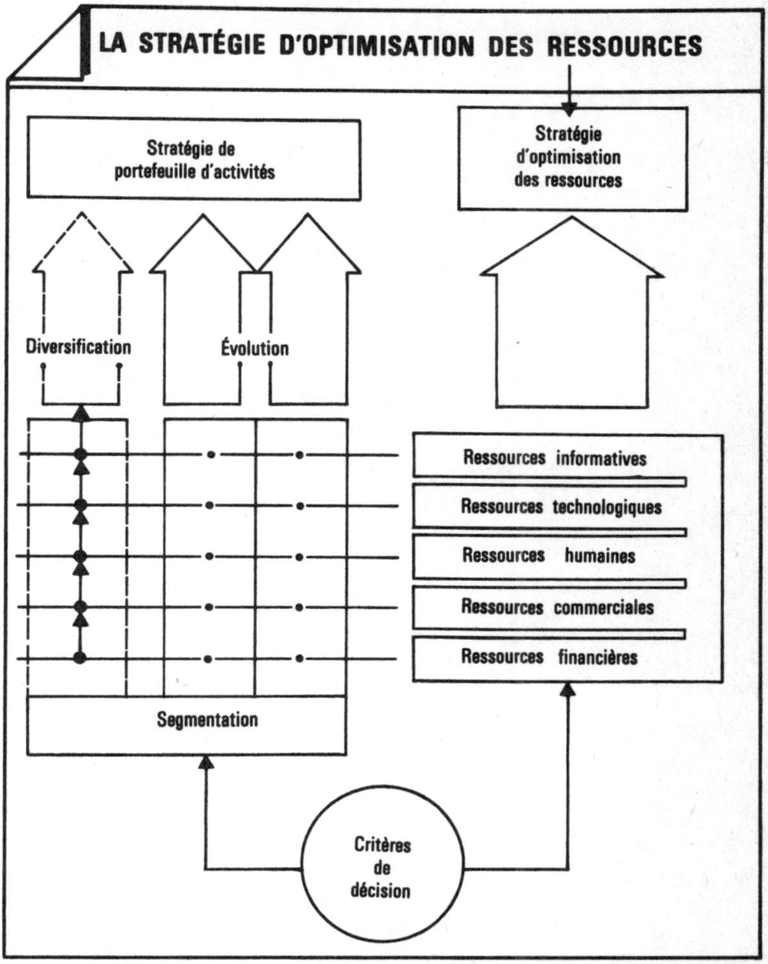


C'est en tout cas dans cette voie nouvelle, complémentaire, plus systématique, de la réflexion stratégique que les entreprises doivent s'engager en s'efforçant de mettre en œuvre pour chacune de ces ressources, comme nous l'avons proposé pour les ressources technologiques, les fonctions-clés de la gestion de tout patrimoine : inventaire, évaluation, surveillance, optimisation, enrichissement, sauvegarde.

# CHAPITRE III

## *Contribution à une stratégie d'évolution des structures et des comportements*

Toute démarche de réflexion stratégique, pour être engagée, puis conduite efficacement à son terme, nécessite bien évidemment que les dirigeants inscrivent aux premiers rangs de leurs préoccupations le développement harmonieux de toutes les capacités technologiques de leur entreprise (au sens large du terme que nous avons utilisé tout au long de cet ouvrage).

A l'accroissement de l'intelligence collective qu'ils doivent ainsi conférer à leur entreprise sont liées, de façon réciproque, d'indispensables capacités d'ouverture et d'anticipation, de réactivité et de préactivité.

Ces nouveaux comportements ne peuvent émerger et s'épanouir que dans des organisations aux structures et aux modes de fonctionnement appropriés, qui, flexibles et participatives, doivent par ailleurs rester cohérentes avec la culture de l'entreprise. Et, puisque l'organisation exprime aussi la culture de l'entreprise, c'est cette culture elle-même qui se trouve mise en cause.

Stratégie de portefeuille d'activités, oui, stratégie d'optimisation des ressources de l'entreprise, oui, mais sous condition de la mise en œuvre du troisième volet d'une véritable stratégie globale, la stratégie d'évolution des structures et des comportements, et parfois des cultures.

**FIGURE 21**

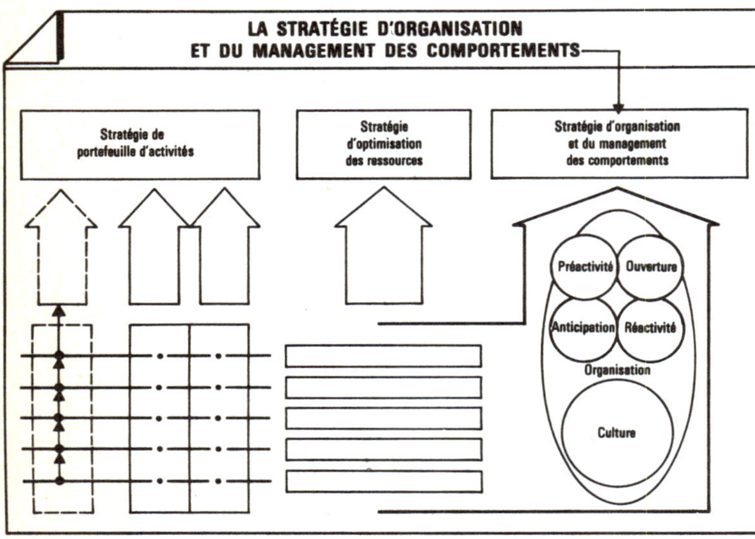


Là encore, le Management des Ressources Technologiques joue un rôle capital.

En effet, nous l'avons souligné à plusieurs reprises, le Management des Ressources Technologiques peut influer très sensiblement sur le fonctionnement des organisations, comme sur les comportements, dans un sens qui renforce les capacités de l'entreprise à pré-agir et agir, donc à réellement maîtriser son évolution. Le fait que ce management soit vécu est en lui-même un signe culturel.

L'audit du Management des Ressources Technologiques constitue donc une étape décisive dans l'élaboration de ce volet essentiel de la stratégie globale (voir complément nº 9). Qu'il porte sur l'état de la connaissance du patrimoine technologique, sur la gestion de l'innovation, sur les conditions selon lesquelles est valorisé ou enrichi ce patrimoine, sur les mesures qui sont prises pour la sauvegarde, sur les dispositions prises pour assurer une veille technologique efficace, il fournit les éléments indispensables à l'élaboration du diagnostic général de l'entreprise, à l'appréciation de sa réactivité vis-à-vis de l'environnement, réactivité structurelle et réactivité des comportements – pour reprendre les termes utilisés par le groupe Eurequip dans ses audits stratégiques.

On peut même avancer qu'associé à une évaluation du potentiel technologique un tel audit constitue un complément indispensable aux diagnostics traditionnels des analystes d'entreprises ; la santé financière et la compétitivité commerciale n'étant plus suffisantes à elles seules pour permettre d'apprécier leur réelle capacité de résistance et de développement, l'évaluation de potentiel technologique est probablement une exigence nouvelle pour tous ceux qui, avant de s'engager dans une entreprise sous une forme ou une autre (banquier, acquéreur), doivent apprécier les risques de leur mise de fonds ; bien peu y sont aujourd'hui préparés.

Enfin, parce que le Management des Ressources Technologiques est de nature conviviale, la réalisation d'un tel audit ne peut être que participative et contribuer à cette appropriation psychologique de la stratégie globale de l'entreprise, faute de laquelle la stratégie « ça ne marche pas ».

En définitive, parce qu'il instaure nécessairement des relations étroites avec les autres grandes fonctions de l'entreprise, notamment marketing, humaines, informatives, le Management des Ressources Technologiques est un *vecteur d'intégration des structures*. Parce qu'il favorise l'ouverture vers l'extérieur, et le développement de la sensibilité à l'égard du savoir partagé, il est un *vecteur d'évolution des comportements*. Enfin, parce qu'en associant gestion et technologie il donne à cette dernière ses lettres de noblesse, il est un *vecteur de changement de la culture* d'entreprise.

## Un projet pour l'entreprise

Mais, les dirigeants en ont de plus en plus conscience, cette nécessaire appropriation de la stratégie ne peut être véritablement et surtout continuellement mobilisatrice que si elle est sous-tendue par un *projet*, qui combine dans une vision commune de l'avenir le respect d'un même système de valeurs et les voies d'accomplissement d'un dessein collectif[12].

Reprenant une expression déjà utilisée lorsque nous rappelions la focalisation excessive de la réflexion stratégique sur l'optimisation des ressources financières, le *projet* devient l'alpha et l'oméga de la réflexion stratégique participative, avec laquelle il entretient une relation réciproque puisqu'il en émerge pour mieux l'éclairer.

Par la vision commune du futur technologique qu'il impose, par les nouvelles valeurs qu'il confère dans l'entreprise à la fonction technologique, le Management des Ressources Technologiques apporte une contribution décisive au *projet* de l'entreprise.

Ne propose-t-il pas, en effet, un dessein nouveau : l'EXCELLENCE TECHNOLOGIQUE ?

FIGURE 22

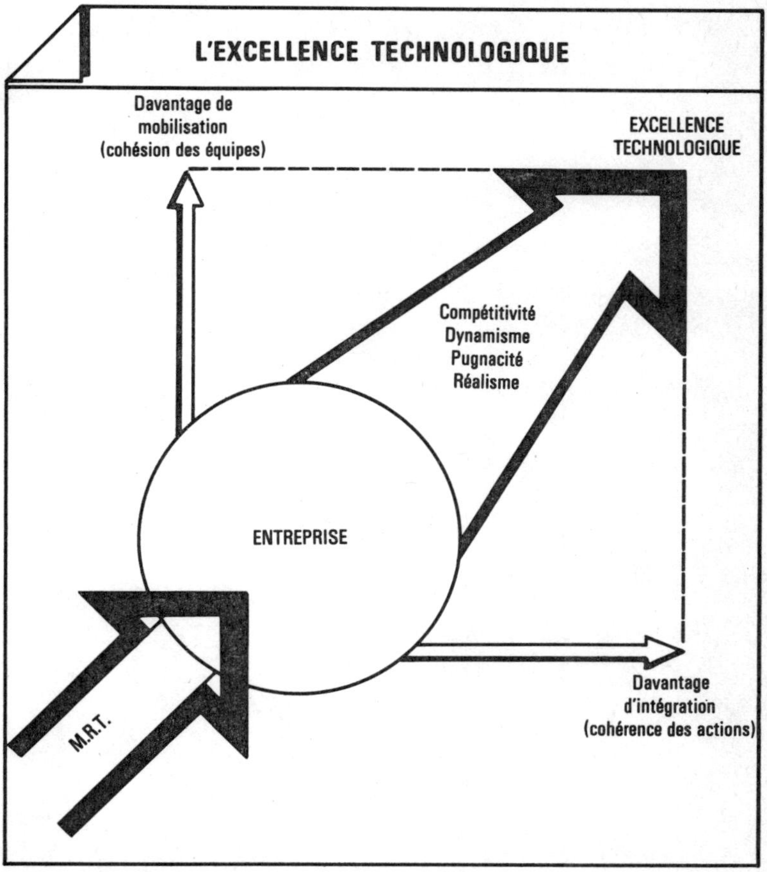

# COMPLÉMENTS

# Complément 1

## TYPOLOGIE DES TECHNOLOGIES

| TYPOLOGIE | DÉFINITION | EXEMPLES : pour un constructeur, technologie... |
|---|---|---|
| TECHNOLOGIE DE BASE | Technologie dont la maîtrise plus ou moins grande est une exigence pour toutes les entreprises du métier. | ... d'adaptation et de mise en œuvre d'un moteur. |
| TECHNOLOGIE DE DIFFÉRENCIATION | Technologie permettant à l'entreprise de se distinguer de la majorité de ses concurrents directs. | ... de conception et de mise en œuvre d'un moteur avec turbo-compresseur. |
| TECHNOLOGIE DE PRODUIT | Technologie incluse dans le produit final. | ... de la carburation ou de l'injection ou de la surcompression. |
| TECHNOLOGIE DE PROCÉDÉ | Technologie mise en œuvre dans la fabrication d'un produit, la fourniture d'un service ou l'organisation de la fabrication... | ... d'assemblage des éléments du chassis des autos. |
| TECHNOLOGIE DE MÉTHODE | Technologie mise en œuvre dans le traitement d'un problème de conception, d'organisation, d'information, de commercialisation... | ... de gestion des flux de matières. |
| TECHNOLOGIE DE CONCEPTION | Technologie mise en œuvre dans les activités de conception de l'entreprise. | ... de C.A.O. pour un constructeur d'autos. |
| TECHNOLOGIE DE PRODUCTION | Technologie mise en œuvre dans les activités de production, assemblage, contrôle. | ... d'automatisation du montage des autos. |
| | Une technologie aura en général une courbe de vie du type suivant : 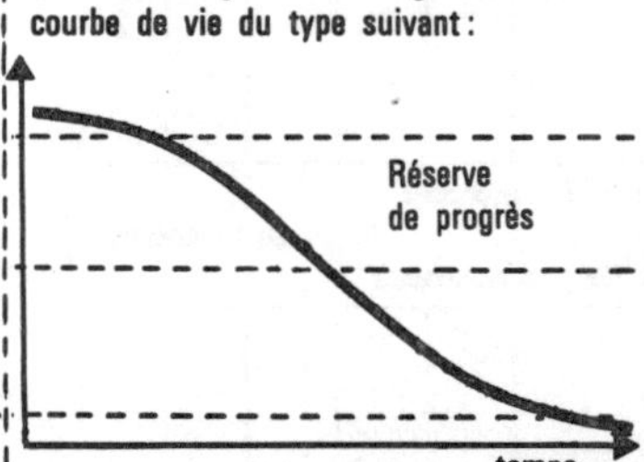  | |
| TECHNOLOGIE ÉMERGENTE | | ... de la C.A.O. |
| TECHNOLOGIE ÉVOLUTIVE | | ... de la turbo-compression. |
| TECHNOLOGIE MÛRE | | ... du moteur 4 temps. |
| TECHNOLOGIE MISE EN ŒUVRE DANS L'ENTREPRISE | Technologie pleinement maîtrisée par l'entreprise sans dépendances vis-à-vis de l'extérieur. | ... de montage des autos. |
| TECHNOLOGIE MISE EN ŒUVRE HORS DE L'ENTREPRISE | Technologie pour laquelle l'entreprise dépend de l'extérieur, par exemple d'un fournisseur, d'un bailleur de licence. | ... de la carburation. |

D'après Marc Delteil (Euréquip)

# Complément 2

## *Compétitivité technologique*

1. Tableau récapitulatif.
2. Un paramètre de positionnement : l'image technologique.
3. Les critères de performance.
4. Le coefficient d'intérêt : l'élasticité technologique.
5. Notation.
6. Synthèse : de la compétitivité des produits à la compétitivité des technologies.

### 1 Tableau récapitulatif

**ANALYSE DE COMPÉTITIVITÉ TECHNOLOGIE-PRODUIT**
**pour une technologie ($T_i$), un produit ($P_j$)**

| ATTRAITS ET PERFORMANCES DU PRODUIT F — Critères de performances | UNITÉS | POSITIONNEMENT DE L'ENTREPRISE — par rapport aux besoins des marchés M1 | M2 | Image M1 | M2 | par rapport aux concurrents C1 | C2 | CŒFFICIENT D'INTÉRÊT : ÉLASTICITÉ TECHNOLOGIE | COMPÉTITIVITÉ GLOBALE DE $T_i P_j$ |
|---|---|---|---|---|---|---|---|---|---|
| - Performances fonctionnelles | | 2 | 1 | 1 | 2 | 3 | 2 | + + | 3 |
| - Prix d'achat | F | 0 | 1 | 1 | 0 | 1 | 1 | 0 | Sans intérêt |
| - Facilité d'utilisation | h | | | | | | | + | 0 |
| - Coûts d'exploitation | F | 2 | | | | | | + | 1 |
| - (Compatibilité) | | | | | | | | Critères non pertinents pour la technologie T | |
| - (Fiabilité) | | | | | | | | | |
| - ( Facilité d'entretien) | | | | | | | | | |

M1, M2 ... marchés de l'entreprise
C1, C2 ... concurrents

« NOTE » DE COMPÉTITIVITÉ DE $T_i P_j$

## 2 Un paramètre de positionnement : l'image technologique

Nous appelons image technologique la perception globale *subjective* que le(s) marché(s) a(ont) de la nature et du niveau des performances d'un produit ou du domaine de compétence technologique de l'entreprise.

Une bonne image technologique est un facteur de compétitivité pour l'entreprise, mais peut-être aussi une contrainte sur ses choix en matière de développement et de marketing. Une image neutre ou une absence d'image en matière de compétence technologique peut être un handicap en milieu industriel.

## 3 Les critères de performance

Edwards Roberts estime que, en général, sept grandes familles de critères *mesurables* de performances, très polyvalents, suffisent dans la pratique à l'analyse de la compétitivité technologique et à la formulation d'objectifs précis aussi bien pour la R et D que pour le marketing :

- Les performances fonctionnelles du produit (descriptif technique général du produit par rapport à sa fonction principale, en termes d'attentes du marché).
- Le prix d'achat.
- Les facilités d'utilisation éventuelles (équipements annexes, possibilités d'utilisation secondaires, mise en œuvre...).
- Les coûts d'exploitation (consommation en énergie, matières premières, temps, économies éventuelles).
- La fiabilité ou la durée de vie ou le temps moyen entre deux pannes du produit ou de l'équipement.
- La facilité d'entretien (coût des réparations, durée d'immobilisation...).

- La compatibilité du produit ou sa souplesse d'adaptation à un environnement donné.

### 4 Le coefficient d'intérêt : l'élasticité-technologie

L'« élasticité-technologie » de la demande désigne l'influence, sur la demande d'un produit, d'une amélioration permanente d'une ou plusieurs de ses performances attendues (coût, longévité, fiabilité...) *grâce à la technologie considérée ou à son évolution.* On peut distinguer :

- *L'élasticité-T absolue,* qui traduit la réponse de l'ensemble du marché à une variation des performances d'un produit.
- *L'élasticité-T relative,* qui traduit l'effet sur les parts de marché respectives de l'introduction, par l'un des concurrents, d'un produit aux performances améliorées. Pour une même technologie, cette élasticité peut varier d'un produit (ou application) à l'autre et d'un segment du marché à l'autre. Elle sera nulle pour un produit d'usage courant (« commodity »).

Cette notion d'élasticité est importante, car, par-delà la satisfaction présente du (des) marché(s), elle prend en compte ses attentes et les effets de substitution éventuels entre produits aux caractéristiques techniques changeantes. Dans l'analyse de compétitivité technologie-produit, l'élasticité-T servira de « filtre », en ce sens qu'elle permettra de concentrer l'attention sur les segments de marché et les critères de performance *pour lesquels l'élasticité* (absolue ou relative) *est la plus forte.* (Ce sont ces segments et critères qui doivent être privilégiés dans l'allocation des ressources R et D de l'entreprise).

### 5 Notation

- Les lignes du tableau sont remplies avec des notations plus ou moins précises selon les objectifs de l'étude.

Des pondérations peuvent être introduites. Elles doivent nécessairement faire l'objet d'un débat entre les fonctions techniques (R et D, production) et commerciales (marketing, vente) de l'entreprise.

● La « note globale » (en bas du tableau) apprécie la compétitivité de la technologie-T à travers son application à la fabrication du produit P.

Une échelle possible de notation est donnée dans le tableau ci-dessous.

**ÉCHELLE DE NOTATION DE LA COMPÉTITIVITÉ DES TECHNOLOGIES**

| ÉCHELLE | Compétitivité actuelle | Compétitivité visée (Exemple) |
|---|---|---|
| 0 | Savoir-faire technique insuffisant | ? |
| 1 | Savoir-faire technique suffisant (pour le marché) | Entretien d'une technologie d'influence secondaire sur la qualité du produit et l'acceptation du marché. |
| 2 | Savoir-faire technique important, bien diffusé sur le marché. | Jeu égal avec la concurrence sur la qualité du produit et l'acceptation du marché, grâce à la technologie. |
| 3 | Compétence technique de 1er plan, en avance sur celle des concurrents. | « Leadership » pour la qualité du produit et l'acceptation du marché grâce à la technologie. |

**ADÉQUATION « COMPÉTITIVITÉ DES TECHNOLOGIES/STRATÉGIE DE L'ENTREPRISE »**

| Technologie | Compétitivité actuelle | Compétitivité à viser | Ratio d'adéquation | Année cible | Priorité | Conséquences : affectation des ressources |
|---|---|---|---|---|---|---|
| $T_1$ | 1,5 | 2,5 | 0,60 | 86 | 1 | |
| $T_2$ | 2,0 | 2,0 | 1,00 | 88 | — | — |
| $T_3$ | 1,0 | 2,0 | 0,50 | 87 | 3 | |
| . | . | . | . | . | | |
| . | . | . | . | . | | |
| . | . | . | . | . | | |

Analyse de compétitivité-T (→ Compétitivité actuelle)

Stratégie générale de l'entreprise (→ Compétitivité à viser, Ratio d'adéquation, Année cible)

Plan(s) (R & D) (← Conséquences : affectation des ressources)

*Pour plus de cohérence encore dans l'évaluation de la stratégie de l'entreprise, la « compétitivité actuelle » (colonne 2) peut être remplacée par une « compétitivité future », résultant d'une analyse identique mais portant sur la prochaine génération de produits (et non pas l'actuelle).*

## 6 Synthèse

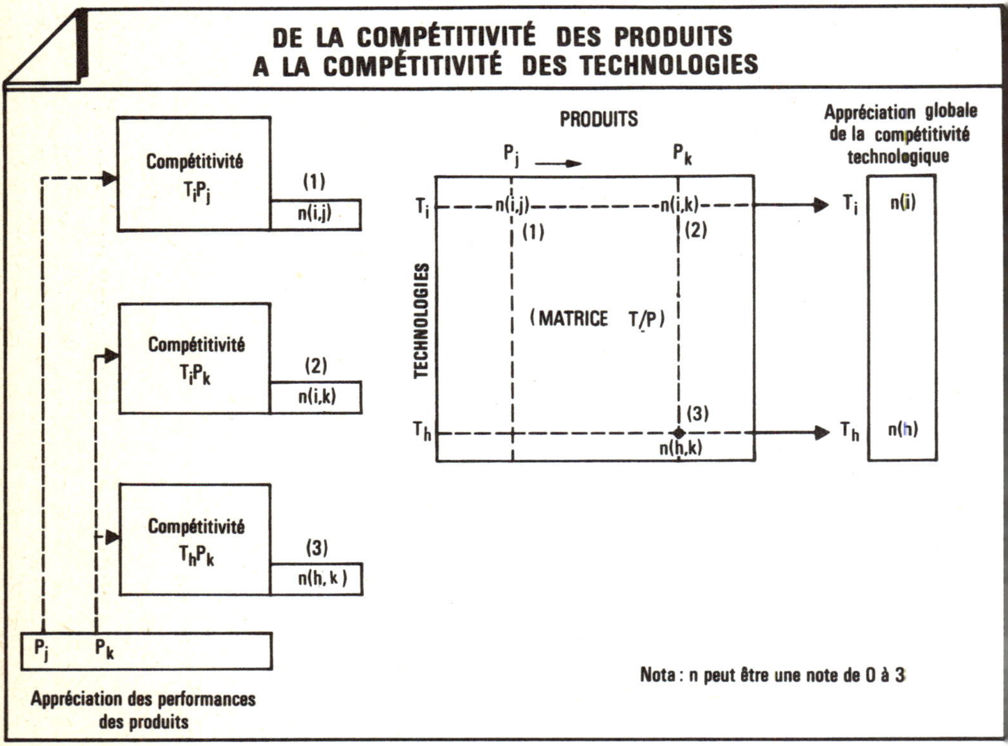


*La compétitivité n(i) de la technologie $T_i$ est la combinaison des notes de compétitivité n(i,j) affectées à $T_i$ au titre du produit $P_j$.*

# Complément 3

## *Analyse de potentiel technologique*

## Schéma général de la démarche

### 1 Appréciation des atouts (exemple)

• L'*intensité* de la maîtrise (par l'entreprise) de la technologie considérée, c'est-à-dire le degré de compétence technique avec laquelle l'entreprise la met en œuvre ;

• L'*étendue* de la maîtrise (par l'entreprise) de la technologie considérée, c'est-à-dire son degré de diffusion parmi le personnel de l'entreprise (affaire d'un spécialiste ou culture d'entreprise ?) ;

• La *capacité* en Recherche et Développement de l'entreprise, dans le domaine technologique considéré, exprimée non seulement en termes de ressources financières, techniques et humaines, mais aussi en termes d'ouverture et de réactivité ;

• L'*indépendance* de l'entreprise vis-à-vis des tiers (fournisseurs ; bailleurs de licence...) pour la mise en œuvre de la technologie considérée ;

• La *protection* dont bénéficie l'entreprise en raison de la solidité de ses brevets, de la très grande technicité de son savoir-faire, ou/et, de façon générale, de l'importance des droits d'entrée dans le domaine de compétence technologique considéré.

### 2 Appréciation des attraits (exemple)

Ils peuvent s'apprécier en fonction :

• De l'évolution prévisible de la *demande du marché* pour cette technologie ou pour des produits ou activités qui l'incorporent dans quelque domaine d'application que ce soit. La demande du marché peut avoir un caractère « extensif » (demande répartie sur un grand nombre d'applications), ou « intensif » (demande répartie sur un petit nombre d'applications) ; l'attrait de la technologie sera d'autant plus grand que la demande sera plus « extensive » (toutes choses égales par ailleurs) ;

- Du *potentiel de progrès* de la technologie considérée, c'est-à-dire des perspectives d'amélioration de ses performances.
- De l'« *élasticité-technologie* » de la demande, c'est-à-dire de l'influence, sur la demande d'un produit, d'une amélioration permanente de ses performances (coût, longévité, fiabilité...) grâce à la technologie considérée.

## 3 Exploitation de la matrice

Une fois remplie, la matrice attraits/atouts délimite un certain nombre de zones auxquelles sont affectées des notes d'appréciation et permet de tirer des premières conclusions pour la stratégie de développement technologique.

Notons qu'on retrouve des concepts analogues à ceux des matrices BCG, depuis les chevaux de bataille jusqu'aux abandons.

- *Zone 1 ou ++* : les atouts de l'entreprise sont forts *et* les perspectives technologiques générales sont bonnes, même si parfois elles ne sont pas encore clairement affirmées. Les technologies de cette zone constitueront les *« chevaux de bataille » de l'entreprise* dans la période à venir.

Des ressources (financières, humaines) peuvent être affectées à ces technologies de façon à maintenir, à consolider, à renforcer la position de l'entreprise.

- *Zone 2 ou +* : les atouts de l'entreprise sont forts *mais* les perspectives technologiques générales sont médiocres ou mauvaises. Les technologies correspondantes doivent générer, à travers les produits concernés, des *bénéfices immédiats et élevés* pour l'entreprise.

Sinon les ressources (pour le développement, l'investissement, la prospection...) devraient être progressivement réaffectées vers les technologies pour lesquelles les perspectives générales ont plus d'attraits.

● *Zone 3 ou 0*: les atouts de l'entreprise sont faibles *alors que* les attraits des technologies sont forts. Les causes de faiblesse de l'entreprise doivent être clairement identifiées et des *choix stratégiques* devront être faits en vue :

— soit de l'*abandon* à terme de certaines technologies (et réaffectation des ressources correspondantes),

— soit de l'*amélioration* (sensible) de la position de l'entreprise pour amener la technologie concernée dans la zone 1 (investissement R et D, recrutement de spécialistes, formation, achat de brevets...).

**EXPLOITATION DE LA MATRICE D'ÉVALUATION DU POTENTIEL TECHNOLOGIQUE**

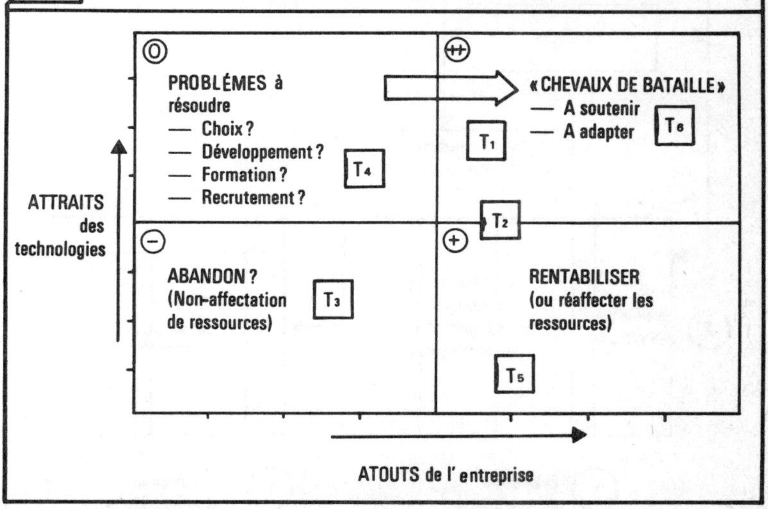


● *Zone 4 ou —*: les atouts de l'entreprise sont faibles *et* les attraits des technologies également. L'entreprise doit probablement envisager l'abandon des technologies et

des activités correspondantes, probablement peu rentables, et la *réaffectation des ressources* concernées.

Il est important de ne pas confondre le potentiel d'une technologie (notion orientée vers l'avenir) avec son intérêt présent pour l'entreprise. Ainsi, une technologie de la zone ++ peut ne générer aucun bénéfice à court terme alors qu'une technologie de la zone – permet la fabrication de produits encore (hautement) rentables.

La matrice peut également servir à positionner les concurrents majeurs de l'entreprise.

**SCHÉMA GÉNÉRAL DE LA DÉMARCHE**

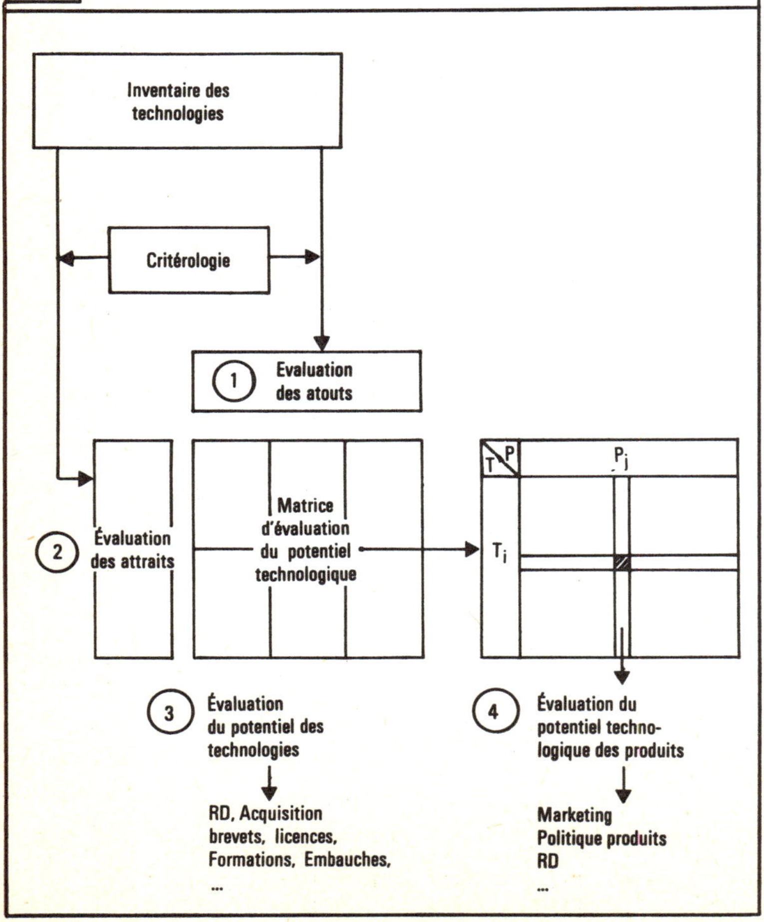

## Analyse du potentiel de développement des produits de l'entreprise

L'analyse précédente, appliquée à chacune des principales technologies de l'entreprise, peut être complétée pour évaluer, pour chacun des produits, le potentiel technologique d'amélioration des performances et d'extension du marché.

En reportant ces appréciations sur la matrice d'inventaire technologies/produits, on éclaire d'un jour nouveau le potentiel de développement des produits : c'est le mariage de la technologie et du marketing qui permet d'évaluer le potentiel technologique d'amélioration des performances et de développement des marchés.

*Nota* : Il est important de ne pas rechercher l'exhaustivité dans l'analyse, mais de se concentrer sur les produits et technologies significatifs de l'entreprise (sélection).

La démarche est illustrée par le schéma ci-après :

## ÉVALUATION DU POTENTIEL TECHNOLOGIQUE DES PRODUITS DE L'ENTREPRISE

MATRICE DE POTENTIEL TECHNOLOGIQUE

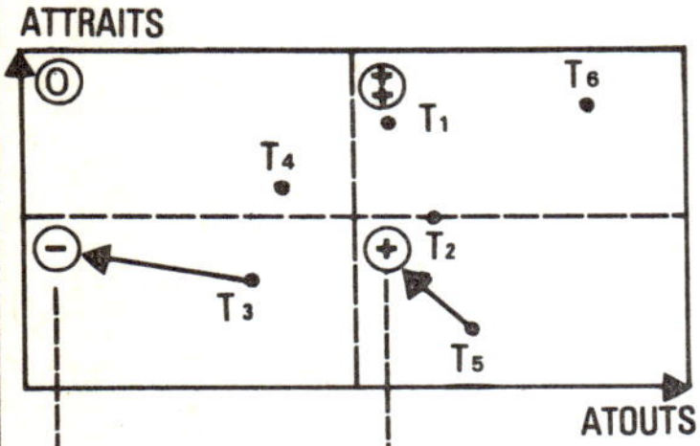


MATRICE D'INVENTAIRE TECHNOLOGIES/PRODUITS

| Technos \ Produit | $P_1$ | $P_2$ | $P_3$ | | $P_j$ |
|---|---|---|---|---|---|
| $T_1$ | + + | + + | + + | + + | + + |
| $T_2$ | + | + | + | + | |
| $T_3$ | – | – | | | – |
| $T_4$ | | | | | 0 |
| $T_5$ | | | + | + | + |
| $T_6$ | + + | | | + + | |

**PRODUITS A FORT POTENTIEL TECHNOLOGIQUE :**

- Entretenir/développer les atouts de l'entreprise
- S'assurer que les performances des produits correspondent aux besoins du marché
- Accroître la compétitivité

**PRODUITS A POTENTIEL TECHNOLOGIQUE MOYEN :**

- Évaluer compétitivité et rentabilité
- Évaluer les attraits du marché
- Accroître les atouts de l'entreprise pour $T_3$ et $T_2$
- Faire un effort R et D sur $T_2$

D'après Marc Delteil (Eurequip)

# Complément 4

## *Contrôle du développement d'une innovation*

(par phases successives)

*1re phase*

— Désirons-nous réellement aller jusqu'au bout de cette idée ?

— Qu'en attend-on en cas de succès total ?

— A-t-on bien exploré toutes les sources d'information relatives à cette idée (littérature, brevets) ?

— Avons-nous les ressources nécessaires (hommes, moyens d'investigation, de développement) ?

*2e phase*

— Quelle devrait être l'importance de l'enjeu pour justifier d'aller plus avant ?

— Quelles doivent être les étapes de décision critique ?

— Quels événements doivent nous conduire, s'ils surviennent, à abandonner le projet ?

*3e phase*

— Sommes-nous toujours cohérents avec la stratégie de l'entreprise ?

— Quelle devrait être notre stratégie commerciale ?

— Sommes-nous susceptibles de disposer de barrières d'entrée, notamment technologiques ?

— Sommes-nous assez ambitieux ?

— Coût de la commercialisation ?

*4e phase*

— Confirmons-nous bien notre désir (et notre besoin) d'exploiter cette innovation ?

— Comment pouvons-nous tenir, renforcer nos positions concurrentielles, techniques ou commerciales ?

— Que doit-on attendre (menaces - opportunités) de la prochaine génération technologique ? Comment s'y préparer ?

— De quels nouveaux talents aurons-nous besoin pour exploiter cette innovation ?

# Complément 5

## *Serveurs et banques de données*
(par Joseph SANLAVILLE)

*Les serveurs*

Il existe aujourd'hui environ une vingtaine de serveurs (c'est-à-dire de services informatiques disposant d'un logiciel interactif pour l'interrogation des banques de données et connectés à un réseau de transmission de données accessible par le réseau téléphonique interconnecté traditionnel). Voici une courte présentation de six d'entre eux.

– *Dialog Information Service*, filiale de Lockheed, implanté aux États-Unis, en Californie. Il offre au moins 75 millions de références, réparties entre 175 banques de données, et touchant à toutes les disciplines : sciences et technique, médecine, informations d'affaires, économie et finances, législatif et réglementaire, sciences humaines et sociales, actualité, etc.

C'est le premier serveur mondial, tant par le volume d'informations offertes que par la qualité des services.

– *S.D.C.* possède une filiale à Londres, en association avec un producteur de banques de données, la société Derwent. Il utilise le logiciel ORBIT, mis au point initialement au sein de la Rand Corp. S.D.C. gère 63 banques de données, dont plus de la moitié (34) en exclusivité.

– *I.R.S.* (Information Retrieval Service) de l'Agence spatiale européenne (E.S.A.), dont les ordinateurs sont situés à Frascati, en Italie. Un nouveau logiciel, ESA-Quest, est en fonctionnement depuis quelques années. I.R.S. offre 48 banques de données, dont en exclusivité 2 très importantes, celle de la NASA et celle de l'INIS, qui appartiennent principalement aux domaines scientifiques et techniques. Notons que ce serveur est interrogeable à la vitesse de transmission de 2 400 bauds.

– *Questel*, service particulier de la société Télésystèmes, qui appartient aux P.T.T. Il est installé en France, près de Cannes ; il utilise le logiciel Mistral pour gérer 44 banques de données, dont la majorité d'un intérêt national. Il a inventé le langage DARC, pour rechercher les composés chimiques à partir de leur formule développée plane.

– *Data-Star*, filiale de Radio-Suisse, implantée en Suisse. Elle met en œuvre un logiciel très répandu, le logiciel STAIRS, écrit par IBM. Pour l'instant, elle n'a encore que 27 banques de données, en chimie, médecine et informations d'affaires.

### *Les banques de données*

Il est tout à fait impossible de présenter, ou même plus simplement d'énumérer, en quelques lignes toutes les banques de données actuellement interrogeables par les systèmes « on-line ». Aussi nous contenterons-nous de les classer, ce qui permet de se faire une idée des informations que l'on peut être amené à y rechercher.

– *Banques de données scientifiques et techniques*

Ces dernières peuvent se regrouper, suivant l'étendue du domaine couvert, en banques universelles, banques couvrant un large domaine, banques limitées à une discipline, banques limitées à une industrie, enfin banques spécialisées dans un type particulier de document.

1° Banques universelles

PASCAL, produite par le CNRS, a un contenu identique à celui des différents bulletins imprimés. Elle couvre toutes les disciplines depuis la biologie jusqu'à la métallurgie ou à la céramique. Le dépouillement des revues soviétiques est particulièrement complet.

SCISEARCH, qui correspond à la publication américaine *Science Citation Index*, de la société Institute for Scientific Information, a une couverture du même ordre que PASCAL, mais les enregistrements ne contiennent pas de résumé.

2° Banques couvrant un large domaine

Parmi les plus connues, il faut citer les banques de l'American Chemical Society (Chemical Abstracts Service), CASEARCH, CHEMNANE, CHEMDEX, etc. ; elles couvrent toute la chimie prise dans un sens très large, biologie, matières plastiques, produits industriels, etc.

Pour la physique, nous trouvons INSPEC, produite par l'Institution of Electrical Engineers, à Londres, plus particulièrement tournée vers l'électricité et l'électronique – et SPIN, produit américain de l'American Institute of Physics, plus particulièrement tourné vers la géophysique et l'astrophysique.

COMPENDEX, banque américaine de la société Engineering Index Inc. à New York, traite de l'engineering au sens large.

La médecine a conduit à une des plus volumineuses bases existantes : MEDLINE, élaborée par l'US National Library of Medicine ; elle regroupe toute la littérature biomédicale mondiale. Mais il faut citer aussi la base EXCERPTA MEDICA, produite aux Pays-Bas, qui, si elle est moins complète, est d'une qualité exceptionnelle.

3° Banques plus spécialisées

La biologie et la chimie-biologie sont bien représentées avec BIOSIS pour la biologie, RINGDOC et VETDOC (britanniques), INT. PHARMACEUTICAL ABSTRACTS (américain) pour la pharmacie, PESTDOC (britannique) pour les produits phytosanitaires, TELEGEN LINE (américain) pour la génétique, etc.

Deux bases traitent de mécanique, l'une française : CETIM ; l'autre américaine : ISMEC.

La métallurgie est représentée par METADEX (américain) pour la métallurgie en général, BRITISH NONFERROUS METAL AB. pour les non-ferreux, WAA (américain) pour l'aluminium, auxquelles il faut ajouter une banque sur la soudure, une autre sur les traitements de surface.

L'industrie du pétrole et la pétrochimie ont droit à trois banques, deux produites par l'American Petroleum Institute, l'autre par l'université de Tulsa (Oklahoma).

Il faut encore mentionner les mathématiques et l'informatique.

4° Banques spécialisées pour une industrie

Deux banques très importantes par leur exhaustivité et leur qualité, la première pour l'industrie nucléaire avec INIS (autrichienne), la seconde pour l'industrie aérospatiale avec celle de la NASA.

Plusieurs banques pour l'électricité, production et distribution (dont EDF-DOC, en France), et plus généralement pour l'énergie.

Enfin, on trouve encore des bases pour l'industrie automobile, celle du transport, l'industrie du papier, l'industrie textile (trois bases), le traitement des eaux, etc.

5° Banques spécialisées par type de documents

Leur domaine est en général très vaste, sinon universel.

Les brevets sont l'objet de fichiers très importants, couvrant tous les pays, ou l'un d'entre eux seulement, France ou États-Unis ; citons les bases de la société anglaise Derwent, WPI, US PATENTS, celles de la maison IFI Plenum Data, CLAMS pour les États-Unis, celles de l'INPI pour la France. Les marques de fabrique existent également pour la France et les États-Unis.

Les normes et documents réglementaires du même type sont rassemblés pour la France par l'AFNOR dans NORIANE, et pour les États-Unis dans STANDARDS & SPECIFICATIONS.

Les rapports des recherches financées par des fonds publics aux États-Unis et un peu au Canada font l'objet d'une base d'un grand intérêt, NTIS, produite par l'organisme américain du même sigle.

Enfin, les recherches en cours avec leur état d'avancement, surtout pour les États-Unis et le Canada, alimentent la base du SSIE, les thèses américaines publiées par l'« Univ. Microfilms Ann Arbor » figurent dans la base C.D.A. (Comprehensive Dissertation Abstracts), les conférences prononcées dans les congrès scientifiques dans le CONFERENCE PAPERS INDEX (américain).

– *Banques de données de sciences naturelles et agricoles*

La géologie occupe une bonne place avec trois banques, dont une française, GEODE du BRGM, maintenant associée avec GEOREF (américain).

L'écologie, avec les problèmes de pollution, s'est très rapidement développée, avec des bases générales comme, aux États-Unis, ENVIROLINE et d'autres plus spécialisées sur une région, comme PIE, qui concerne les îles du Pacifique, ou sur un thème, comme APTIC pour la pollution de l'air ou TSCA Initial Inventory pour les substances toxiques.

Les ressources mondiales en eau et la pollution de cette dernière se retrouvent dans deux bases en Afrique du Sud, WATERLIT et WATER ROS.

La mer et ses ressources, notamment les poissons, et leur mise en valeur font l'objet de deux banques, aux États-Unis, OCEANIC ou AQUACULTURE, sans oublier, en France, la base du CNEXO.

L'agriculture et l'alimentation donnent lieu à des bases générales, AGRICOLA (américain), CAB (britannique), etc., mais aussi à des bases plus spécialisées, l'agriculture tropicale TROPAG (aux Pays-Bas), le bois FOREST (aux États-Unis), le café, etc.

— *Banques de données sur les affaires et l'économie*

Les banques appartenant à ce chapitre sont très nombreuses, et certaines connaissent un succès considérable. Nous les avons réparties en quatre groupes : celles traitant de l'économie en général et du management ; celles rassemblant des informations d'affaires, en particulier de caractère commercial ; celles donnant des informations sur les entreprises ; enfin, celles constituées par des données économétriques.

1° Banques sur le management et l'économie en général

Il existe une quinzaine de bases dans ce domaine. Nous ne les citerons pas toutes, mais seulement les plus utiles, comme, aux États-Unis, ABI/INFORM, MANAGEMENT CONTENTS, HARVARD BUSINESS REVIEW. Deux autres sont françaises : ISIS et GRAPPE.

2° Banques pour les informations d'affaires

Certaines sont très générales, telle celle produite aux États-Unis par Predicasts ; d'autres sont plus ou moins spécialisées, C.I.N. pour la chimie au sens large, P/E NEWS pour les industries du pétrole, PHARMACEUTICAL NEWS pour l'industrie pharmaceutique. Des organismes très connus ont organisé en banques les informations non confidentielles qu'ils détiennent ; c'est le cas d'Arthur D. LITTLE, STANDARD & POOR, du SRI pour son *Chemical Economics Handbook*.

Certaines banques se consacrent plus spécialement aux études de marché et analogues, telles que, aux États-Unis, HARFAX ou FIND/SVP. D'autres, aux informations commerciales, TRADE & INDUSTRY INDEX, COMMERCE BUSINESS DAILY (offres et demandes du gouvernement américain). D'autres encore, à des données plutôt financières, ACCOUNTANT, AMERICAN BANKER, INSURANCES.

3° Banques de données sur les entreprises

Malgré des améliorations au cours de ces dernières

années, l'offre d'informations reste encore insuffisante.

Pour les entreprises américaines, citons EIS Industrial Plants et EIS Non Manufacturing Establishment, DISCLOSURE, qui, dans certains cas, donne des informations très détaillées.

Pour les entreprises françaises, on trouve AXESS, de la DAFSA, sa concurrente ESSOR, et DEFOTEL, produite par la Cote Desfossés.

Comme autres entreprises européennes, citons, au Royaume-Uni, la banque de Dun & Bradstreet, et, pour l'Allemagne fédérale, le Handbuch des Grossunter Nehmen.

4° Banques de données économétriques

La plupart des grands organismes nationaux ou internationaux rendent accessibles les séries chronologiques de données économiques qu'ils élaborent. Les données de l'INSEE, de la CEE, de l'OCDE et du FMI sont disponibles ; de même, les statistiques douanières de la Communauté.

On peut également interroger les banques de la BUSINESS INFORMATIONS et, pour les États-Unis, les statistiques du Bureau of Labor et celles des exportations. Certaines banques sur les prix des grands produits existent également.

— *Banques diverses*

Il faut citer en premier celles du domaine juridique, lois et règlements, jurisprudence. Ce domaine est particulièrement bien couvert en France, où au moins quatre banques coexistent ; mais des données sont également disponibles pour la Communauté européenne et pour les États-Unis.

Le domaine des sciences humaines — et entre autres celui de l'éducation, pour lequel on a la célèbre base ERIC — a suscité de nombreuses banques allant de la sociologie à l'histoire et à la géographie.

## Exemple de veille technologique

Une veille technologique à fréquence de deux mois sur le Management des Ressources Technologiques a fourni la page ci-dessous.

On y remarque l'article de M. Crisp (il sera d'ailleurs intéressant de réinterroger la banque de données, pour savoir quels autres articles ont été publiés par cet auteur) qui confirme la remarque faite sur l'insuffisance de l'enseignement du Management de la technologie dans la formation des grandes écoles.

```
85003030
Perspective: The Neglect of Technology Management
  Crisp, John D. C.
  Jrnl of Product Innovation Mgmt  v1n4  PP: 267-272  Dec 1984
  CODEN: JPIMDD  ISSN: 0737-6782  JRNL CODE: JPI
  DOC TYPE: Journal Paper  LANGUAGE: English  LENGTH: 6 Pages
  AVAILABILITY: ABI/INFORM
  Business schools have received a substantial amount of
criticism for failing to prepare graduates adequately for the
types of problems managers are facing in today's rapidly
changing and turbulent business environment.  A number of
suggestions have been offered for the improvement of business
education in the areas of human resource management,
manufacturing management, financial analysis, and ethical
behavior.  However, a survey of Australian managers'
management practices and attitudes toward innovation revealed
that an area in which business education especially needs
improvement is technology and innovation management. Business
education should be closely coordinated with engineering
education to provide students with needed technological
understanding.  Specific specialist subdisciplines that should
be incorporated into business education include the management
of: 1. change, 2. industrial innovation, 3. research and
development projects, 4. risk, 5. technology
transfer/diffusion, 6. information technology, 7. product
liability, and 8. total quality assurance. References.
  DESCRIPTORS: Technology; Innovations; Management;
Effectiveness; Management training; Education; Proposals
  CLASSIFICATION CODES: 6200  (CN=Training & development)
```

# Complément 6

## *L'interrogation des banques de données*

**1 L'éclaireur**
**2 Extension des champs d'investigation et d'irrigation**
**3 Utilisation des banques de données multiples**
**4 La fonction de médiation**
**5 Amplification de la fonction médiation**

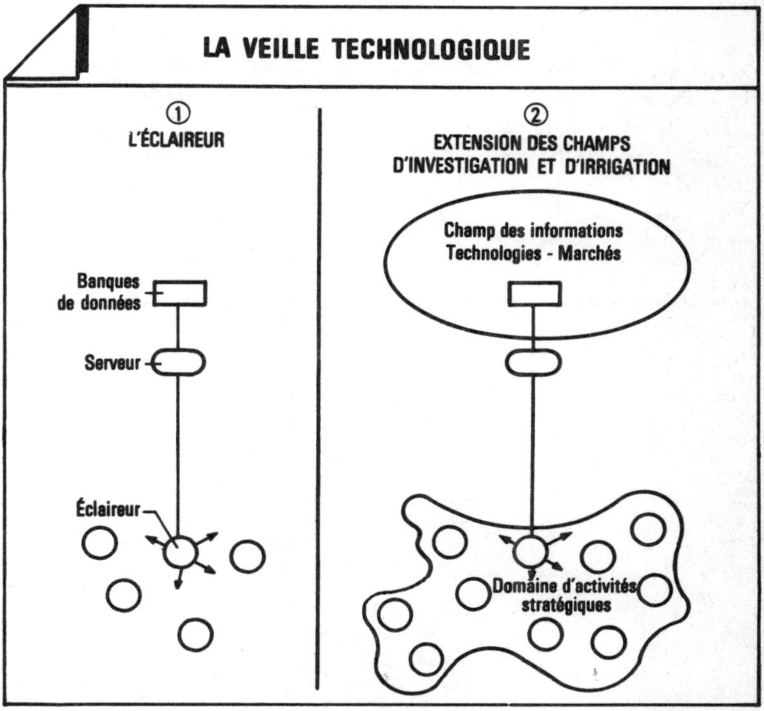


*N'importe qui peut jouer ce rôle d'éclaireur ① s'il doit utiliser un nombre limité de serveurs/banques de données. Mais dès que les champs s'élargissent ② il est nécessaire de faire appel à de nombreux serveurs/banques de données qui parfois se chevauchent ③. Chacun/chacune a ses caractéristiques propres. Le médiateur peut parcourir de façon compétente le champ de préoccupations stratégiques (les comprendre, les transcrire) et celui des banques de données ④. Il peut, s'il appartient à une entreprise, avoir besoin parfois de faire appel à un supermédiateur ⑤, dont les connaissances des banques de données sont encore plus étendues.*

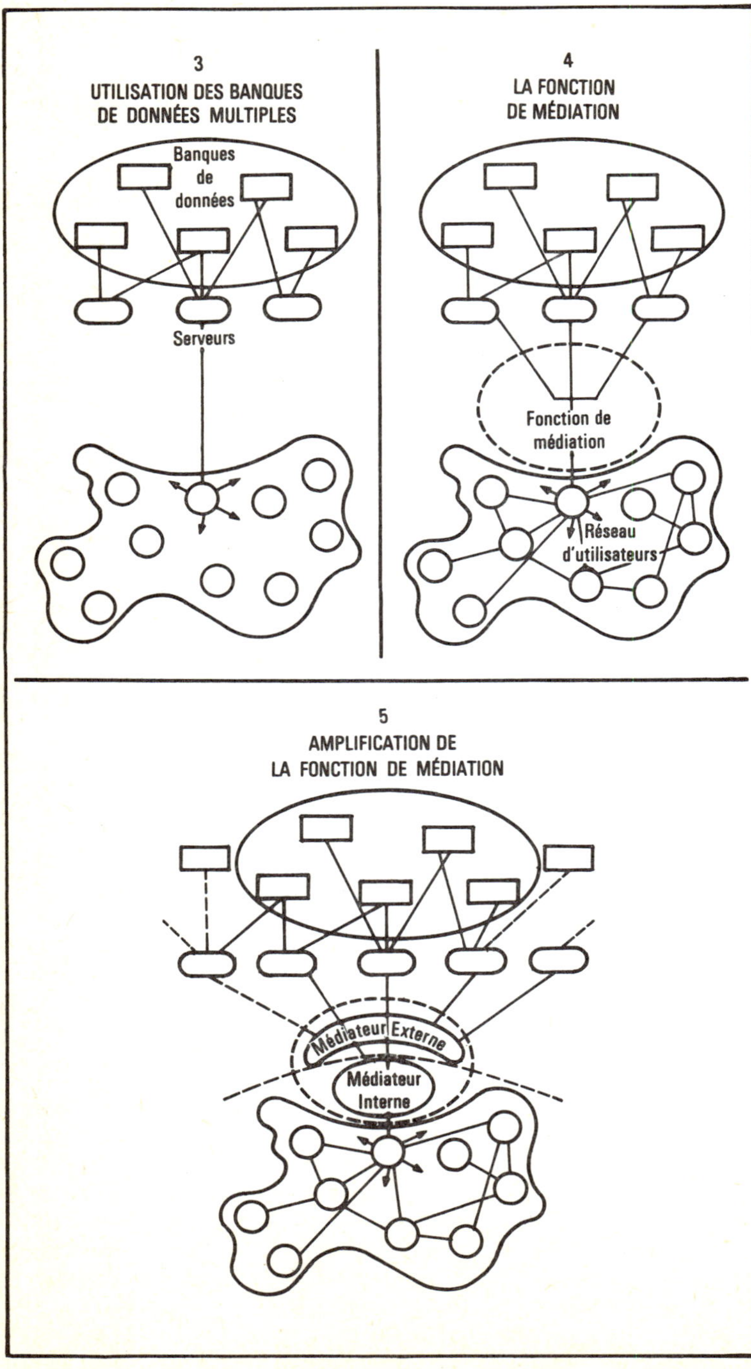
3
UTILISATION DES BANQUES DE DONNÉES MULTIPLES
Banques de données
Serveurs
4
LA FONCTION DE MÉDIATION
Fonction de médiation
Réseau d'utilisateurs
5
AMPLIFICATION DE LA FONCTION DE MÉDIATION
Médiateur Externe
Médiateur Interne

# Complément 7

## *Brevetabilité*

Les critères de brevetabilité peuvent être ramenés à trois :

1. Le caractère industriel de l'invention, le mot *industrie* étant entendu au sens large : on peut faire breveter un procédé d'exploitation pour l'agriculture, mais on discutera longtemps de savoir comment protéger, par exemple, les logiciels informatiques.

2. Son caractère inventif. L'emploi d'un matériau à la place d'un autre ne constitue pas matière à brevet, non plus que le rassemblement, si astucieux soit-il, de plusieurs procédés connus. L'invention doit apporter une plus-value créatrice. En sont donc exclus les savoir-faire détenus par l'entreprise.

3. Son caractère novateur. Les dispositions sur ce point varient d'un pays à l'autre. La France fait cavalier seul en affichant une rigueur absolue : on ne peut y déposer un brevet pour une invention déjà brevetée, ou même seulement ayant fait l'objet d'une publication, ou du dépôt d'une enveloppe Soleau, ce qui revient à reconnaître un droit d'antériorité intellectuelle, même si l'invention n'a jamais été exploitée industriellement. On est allé jusqu'à refuser un brevet parce que l'invention était « évoquée » dans une lettre de Pline le Jeune, au Ier siècle après Jésus-Christ. En Allemagne, une invention tombée dans l'oubli peut faire l'objet d'un brevet « de résurrection », pas en France.

# Complément 8

## *Élaboration d'une stratégie de transfert de technologies*

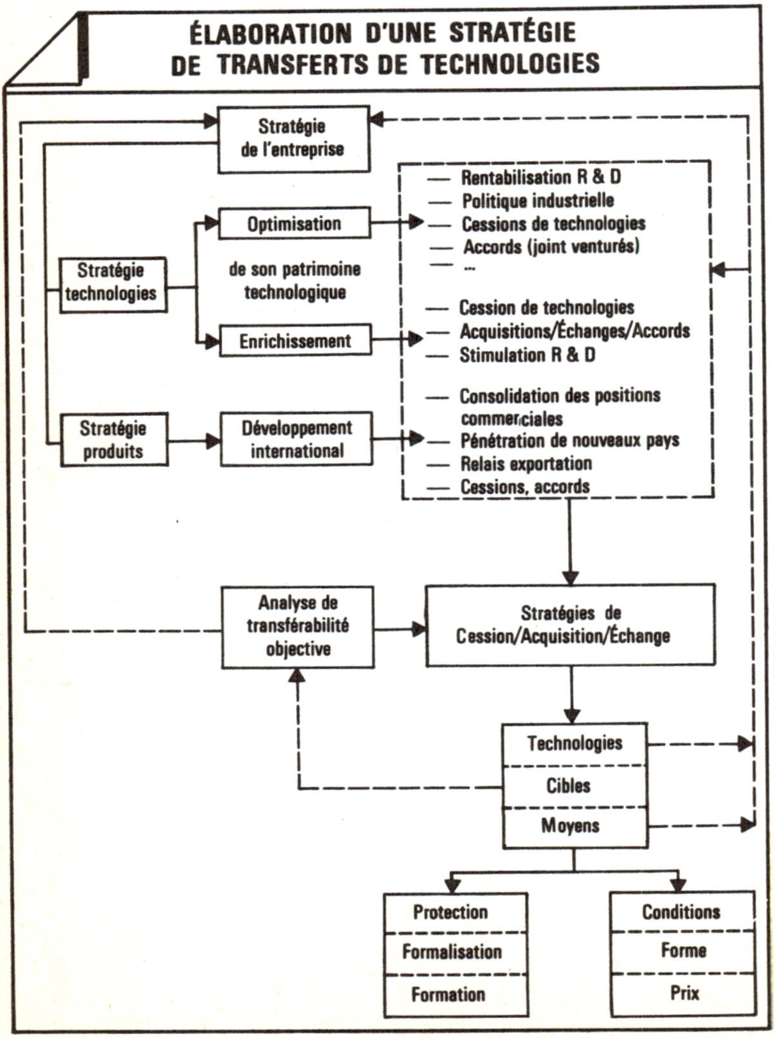

## ANALYSE DES TECHNOLOGIES TRANSFÉRABLES

| TECHNOS | PRODUITS[ APPLICATIONS DE FORTE SENSIBILITÉ-T | COMPÉTITIVITÉ TECHNOLOGIQUE | POTENTIEL | | | PARAMÈTRES DE TRANSFERT | | | | CONTRAINTES RECEVABILITÉ | TRANSFÉRA-BILITÉ OBJECTIVG |
|---|---|---|---|---|---|---|---|---|---|---|---|
| | | | GLOBAL | PROTECT. CONTROLE | POTENTIEL DE PROGRÈS | DISPONIBILITÉ | FORMALISATION | VALORISATION | MISE EN ŒUVRE | | |
| $T_1$ | A $1_1$<br>A $1_2$ | + | ++ | + | + | + | +<br>Notice technique | 0 | + | + | oui |
| $T_2$ | A $2_1$ | — | + | 0 | 0 | — | 0<br>Brevet | + | 0 | 0 | non |
| $T_i$ | $A_{i,j}$ | | | | | | | | | | |

D'après Michel Bicheron (Tecnova)

## Complément 9

## *Stratégie et Management des Ressources Technologiques*

1 L'inventaire est un indicateur du mode de gestion stratégique de l'entreprise (réf. p. 93 et p. 175).

*2a*

L'analyse de la compétitivité d'une technologie peut donner des orientations sur le programme de R et D à court terme (p. 171).

*2b*

L'analyse du potentiel technologique donne des orientations sur le programme de R et D à moyen terme (voir complément 3).

3 Le rapprochement entre compétitivité technologique et potentiel technologique permet d'engager un dialogue constructif entre marketing et technologie (p. 100).

4 Des outils d'analyse et de synthèse cohérents entre eux.

5 Le Management des Ressources Technologiques permet d'introduire la préoccupation technologique dans les trois grands volets de la réflexion stratégique (p. 207).

6 L'audit du Management des Ressources Technologiques, une contribution à la stratégie d'évolution des comportements et des structures (p. 206).

## 1 L'inventaire, indicateur du mode de gestion stratégique

L'inventaire éclaire la réflexion stratégique de l'entreprise : il donne un moyen d'apprécier *a posteriori* le mode de gestion des ressources technologiques de l'entreprise :

– gestion de *type « T ou Technologie »* (« *technology - driving* » ou « *technology - oriented* ») consistant à développer tous les produits possibles autour d'un ensemble privilégié de technologies (en général, les technologies de base) ;

– gestion de *type « P ou Produit »* (« *technology - driven by* » ou « *product - oriented* ») consistant à privilégier un choix de produits et à acquérir en conséquence la maîtrise des technologies nécessaires.

La distribution des cases remplies sur la matrice Technologie/Produits (T/P) indique lequel de ces deux modes-types de gestion est appliqué dans l'entreprise.

**MATRICE TECHNOLOGIES/PRODUITS**

| TECHNOLOGIE \ PRODUIT | P1 | P2 | P3 | P4 | P5 | P6 |
|---|---|---|---|---|---|---|
| T1 | × | × | × | × | | |
| T2 | | | | | | × |
| T3 | | | × | | × | |
| T4 | | | | | | × |
| T5 | | | | × | | × |
| T6 | | | | | | × |

GESTION TYPE T (technology-oriented) → T1

GESTION TYPE P (product-oriented) → P6

***Nota**: Une trop grande dispersion des cases remplies ou, parfois, la simple coexistence des 2 modes de gestion peut faire courir à l'entreprise le risque d'être médiocre dans toutes ses technologies et dans toutes ses activités. Le tableau doit permettre de faire ressortir des besoins de complémentarité (marketing, recherche; association avec une autre entreprise...).*

## 2*a* Compétitivité et programme R et D

**TECHNOLOGIE T**

| CRITÈRES DE COMPÉTITIVITÉ | PERTINENCE | PRODUIT 1 | | PRODUIT 2 | | COMMENTAIRES |
|---|---|---|---|---|---|---|
| | | ÉLASTICITÉ | ÉVALUATION | ÉLASTICITÉ | ÉVALUATION | |
| a) | OUI | forte | — | forte | — | — — |
| b) | — | | | | | |
| c) | OUI | faible | + | faible | + + | + |
| d) | OUI | forte | + | forte | + + | + + |
| e) | — | | | | | |
| f) | OUI | faible | + | forte | — | — |

↓ Conclusions en terme de programme RD court terme

*L'évaluation globale pour chaque critère de compétitivité (colonne commentaires) est une combinaison des évaluations, faites au titre de chacun des produits (l'évaluation au titre d'un produit ayant d'autant plus de poids que l'élasticité-technologie est plus forte).*

## 2*b* Voir p. 219

## 3 Synthèse compétitivité/potentiel

Cette confrontation permet d'engager un dialogue entre marketing et technologie (cf. partie *c* du schéma suivant).

## 4 Synthèse des divers outils cités

A Compétitivité des technologies
B Potentiel des technologies
C Compétitivité/Potentiel
D Positionnement Stratégique Produit

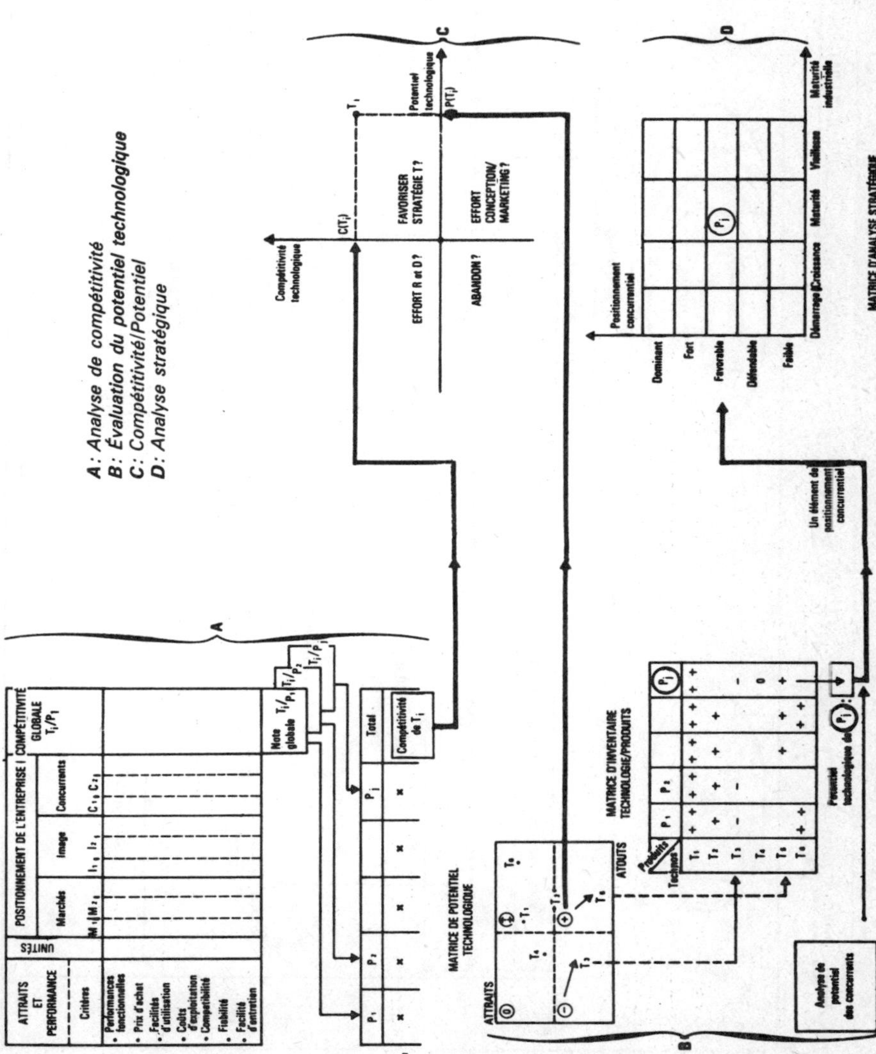
A : Analyse de compétitivité
B : Évaluation du potentiel technologique
C : Compétitivité/Potentiel
D : Analyse stratégique
MATRICE DE POTENTIEL TECHNOLOGIQUE
MATRICE D'INVENTAIRE TECHNOLOGIE/PRODUITS
MATRICE D'ANALYSE STRATÉGIQUE (D'après [ADL])
FAVORISER STRATÉGIE T ?
EFFORT CONCEPTION/MARKETING ?
EFFORT R et D ?
ABANDON ?
Compétitivité technologique
Potentiel technologique
Positionnement concurrentiel
Maturité industrielle
Dominant
Fort
Favorable
Défendable
Faible
Démarrage
Croissance
Maturité
Vieillesse
Analyse de potentiel des concurrents
Un élément de positionnement concurrentiel
POSITIONNEMENT DE L'ENTREPRISE I
COMPÉTITIVITÉ GLOBALE
ATTRAITS ET PERFORMANCE
Critères
Marchés
Image
Concurrents
Note globale
Total
ATTRAITS
ATOUTS

## 5 Programme d'actions stratégiques de développement technologique

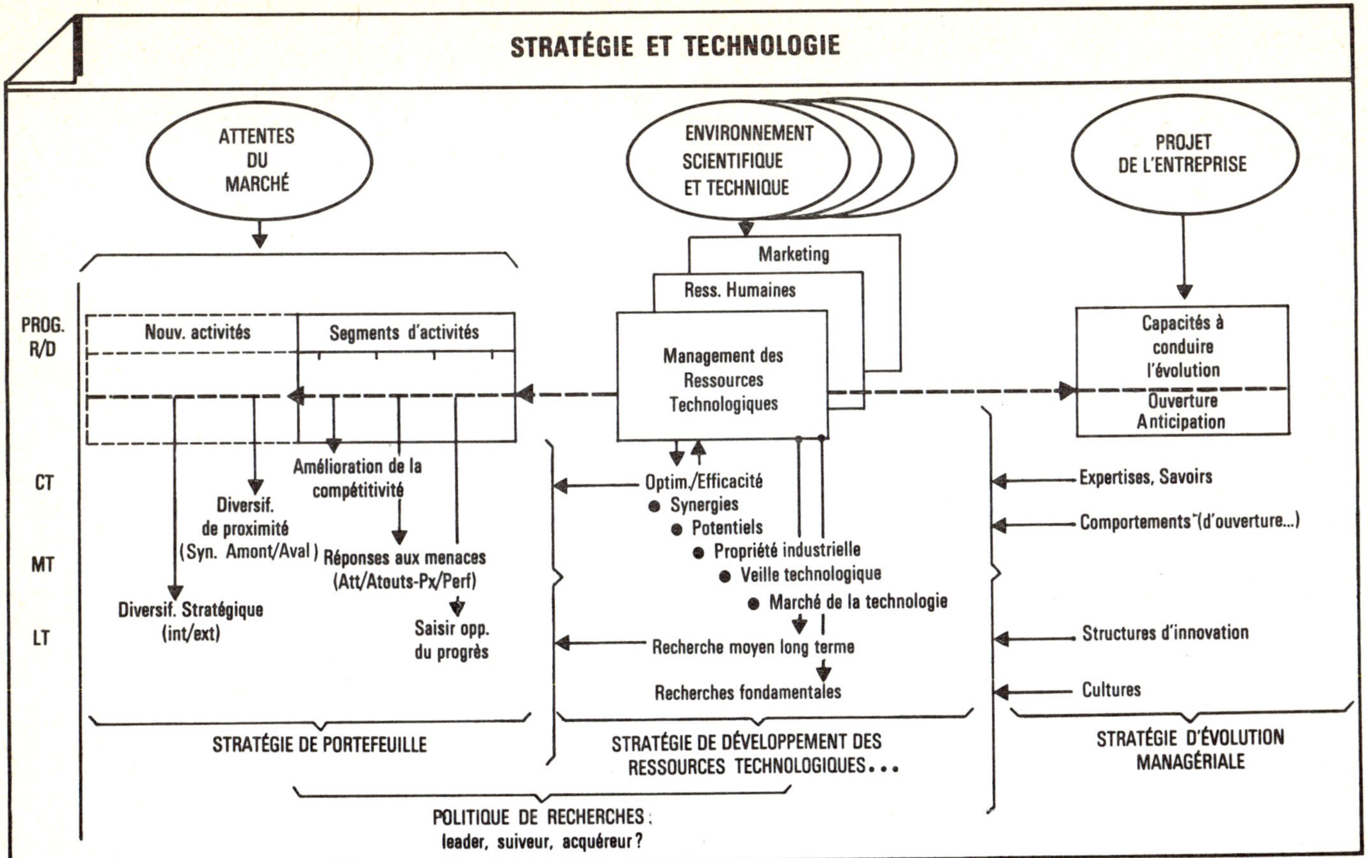


*CT: court terme, MT: moyen terme, LT: long terme*

## 6 Audit du Management des Ressources Technologiques, une contribution à la stratégie d'évolution des structures et du comportement. (Extraits d'un audit détaillé d'Euréquip.)

### *a) Connaissance du patrimoine de l'entreprise (technologies et compétences)*

— En faisons-nous le meilleur emploi ? En tirons-nous le meilleur parti ?

— Avons-nous des technologies qui nous différencient de la concurrence ?

Ces « technologies de différenciation » sont-elles :

— (Simplement) introduites dans des produits de l'entreprise par l'intermédiaire de composants ou sous-ensembles achetés à des fournisseurs ou sous-traitants ?

— Mises en œuvre dans des procédés de fabrication (ou des systèmes de gestion) propres à l'entreprise ?

— Protégées par des brevets ?

— Dépendantes de tiers (fournisseurs, bailleurs de licences...) ?

— Dans une phase d'évolution importante ?

— Ou en « bout de course », c'est-à-dire stabilisées sur le plan de leurs performances ?

— Notre portefeuille comprend-il suffisamment de technologies porteuses d'avenir ?

— Remettons-nous en cause notre métier ?

— Avons-nous une appréciation claire de notre positionnement concurrentiel en matière technologique, gage de la compétitivité de demain ?

— Le patrimoine est-il suffisamment partagé (synergie, innovation) ?

*b) Connaissance de l'environnement scientifique et technologique*

— Exerçons-nous une veille suffisante sur l'ensemble de notre environnement ?

— Surveillons-nous les progrès de nos concurrents ?

— Sommes-nous suffisamment soucieux de détecter en permanence les événements « techniques » qui peuvent avoir un impact décisif (positif ou négatif) sur nos stratégies ?

— Avons-nous une gestion efficace des flux d'informations scientifiques et techniques, internes et externes ?

*c) Innovation*

— Sommes-nous satisfaits du bilan innovation des cinq dernières années ?

— Quelle attention portons-nous aux idées nouvelles ?

— Nos ressources de R et D sont-elles efficacement utilisées ?

— Si la productivité (l'efficacité) de l'entreprise en matière de R et D (ou d'innovation) n'est pas satisfaisante, quelle en est la cause ?

Un manque d'objectifs stratégiques clairs (critères de choix des projets de recherche, réactualisation des enjeux).
- La qualité des responsables de R et D.
- La compétence (qualification) des chercheurs.
- L'isolement des chercheurs dans l'entreprise.
- Une insuffisante ouverture des ingénieurs/chercheurs vers l'extérieur.
- La gestion des chercheurs (système de récompense, carrière).
- Le manque d'intérêt de la direction générale pour la question.
- Le comportement de l'ensemble de la hiérarchie.
- Le manque de moyens financiers.

- Une gestion insuffisamment structurée des projets d'innovation (objectifs, étapes, moyens, délais).
- Une difficulté permanente à traduire des succès techniques en succès commerciaux.

— Sommes-nous suffisamment ouverts aux innovations venues d'ailleurs ?

*d) Sauvegarde*

— Notre patrimoine est-il vulnérable ?
— Avons-nous le souci de protéger notre savoir, et, plus généralement, nos libertés de l'exploiter dans tous les pays où nous conduit notre stratégie de développement international ?
— La transmission du savoir le plus « stratégique » est-elle assurée ?

*e) Fonctionnement*

— La gestion des ressources humaines tient-elle suffisamment compte des exigences de la gestion des expertises ?
— La concertation entre les fonctions R et D et marketing est-elle suffisamment développée ?
— La hiérarchie de l'affectation des ressources R et D aux différents programmes est-elle conforme aux exigences de la stratégie de l'entreprise ?

*f) Système d'informations*

— Les schémas directeurs des systèmes d'informations des unités et du groupe donnent-ils satisfaction, tant en ce qui concerne la gestion des stocks que celle des flux d'informations ?
— Parmi les sources d'information externe possibles, quelles sont celles qui sont régulièrement utilisées dans l'entreprise ?

- Le bouche à oreille.
- Les revues générales.
- (Toutes) les revues spécialisées.
- Les banques de données. (Combien ? Évolution des dépenses.)
- Les consultants et cabinets d'études. (Combien ? Évolution des dépenses.)
- Les séminaires et colloques de spécialistes. (Nombre ?)
- Les visites d'usines à l'extérieur de la société. (Nombre ?)

*Nota* : Il s'agit ici de toutes les informations d'importance stratégique pour l'entreprise : compétitivité des produits, besoins des marchés, activités et projets des concurrents ...

# Complément 10

## *Marketing et technologie*

### Parallélisme des démarches

Dans les travaux sur la planification stratégique des années 60, seules les analyses marketing étaient prises en considération dans la définition de la stratégie globale de l'entreprise. La partie technologie était inexistante, ou, tout du moins, ignorée. Un tel schéma ne répond plus aux exigences de l'environnement aujourd'hui.

Aujourd'hui, en effet, la prise en compte de la dimension technologique introduit de nouvelles composantes dans la décision stratégique.

Les figures ci-après illustrent le rôle respectif des fonctions marketing et technologie dans l'entreprise, leurs parallélismes, leurs interpénétrations. La partie supérieure représente l'environnement, ses sollicitations et ses incitations. A l'intérieur de l'entreprise, la partie gauche est consacrée aux activités marketing, la partie droite aux activités technologie.

Le parallélisme des fonctions marketing et technologie apparaît clairement avec chacun sa zone spécifique, où personne ne leur dispute leur souveraineté : attente des clients pour le marketing, procédés de fabrication pour la technologie.

Au centre de la figure B ont été hachurées les zones de rencontre : l'effet d'expérience cache déjà une préoccupation technologique, la compétitivité technologique cache une préoccupation marketing. Ces zones de convergences sont des zones de dialogue. Il y a d'abord celle de la surveillance de l'environnement : le marketing, par nature plus ouvert, la technologie plus fermée, se rencontrent dans une région interne à l'entreprise où converge l'information externe. Puis il y a des zones intermédiaires, qui, du court terme au long terme, concernent les effets d'amélioration, les plans de développement, enfin les stratégies fonctionnelles et la définition de la stratégie globale dans laquelle s'interpénètrent les deux dimensions.

**FIGURE A**

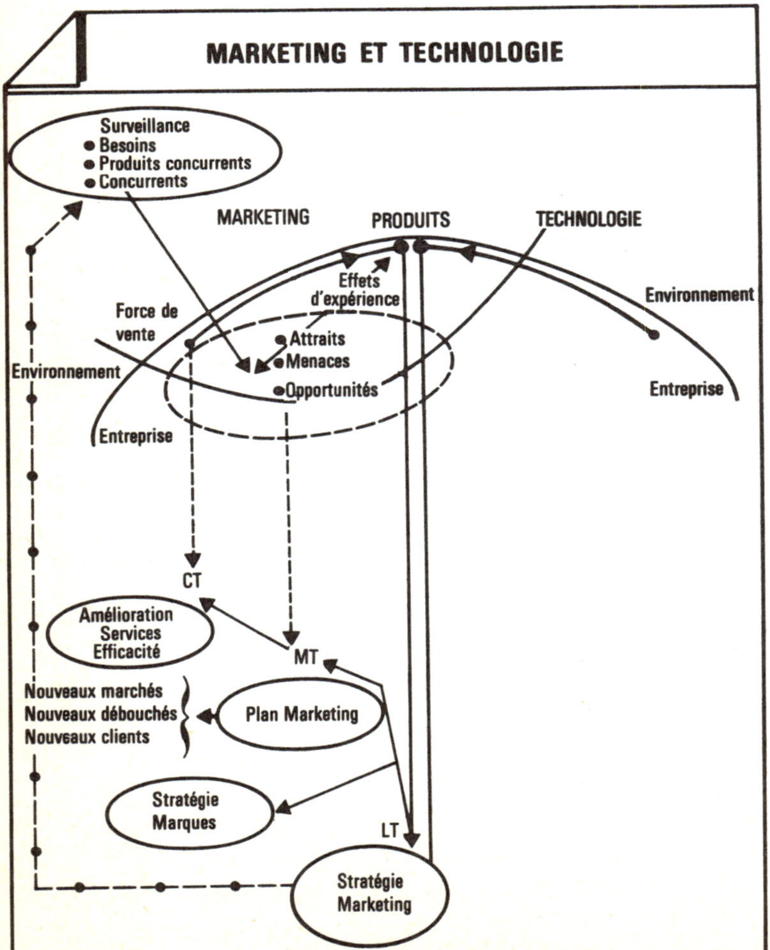

## FIGURE B

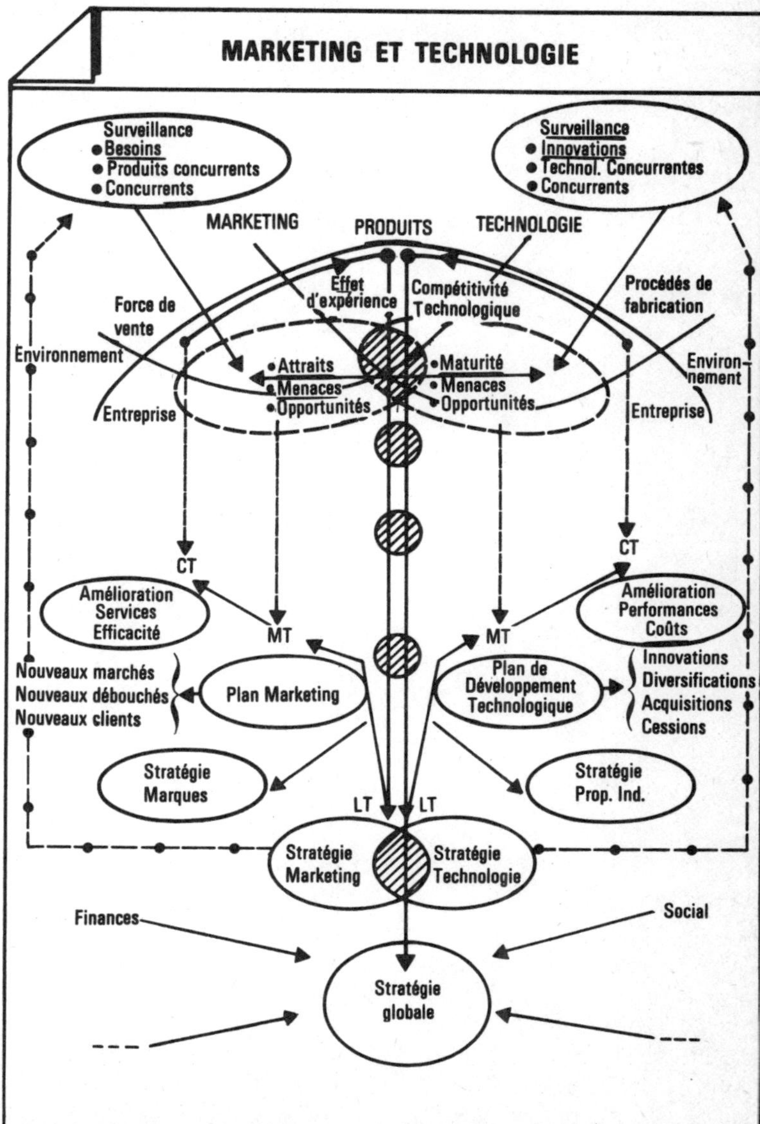
MARKETING ET TECHNOLOGIE
Surveillance
• Besoins
• Produits concurrents
• Concurrents
Surveillance
• Innovations
• Technol. Concurrentes
• Concurrents
MARKETING
PRODUITS
TECHNOLOGIE
Effet d'expérience
Compétitivité Technologique
Force de vente
Procédés de fabrication
Environnement
Environnement
• Attraits
• Menaces
• Opportunités
• Maturité
• Menaces
• Opportunités
Entreprise
Entreprise
CT
CT
Amélioration Services Efficacité
MT
MT
Amélioration Performances Coûts
Nouveaux marchés
Nouveaux débouchés
Nouveaux clients
Plan Marketing
Plan de Développement Technologique
Innovations
Diversifications
Acquisitions
Cessions
Stratégie Marques
Stratégie Prop. Ind.
LT
LT
Stratégie Marketing
Stratégie Technologie
Finances
Social
Stratégie globale

# Table des Références

1. Notamment *Le Prix de l'excellence*, de Thomas Peters et Robert Waterman, Inter Éditions, 1984.

2. Voir l'article « Chine, nouvel Eldorado », *Challenge* n° 10, novembre-décembre 1984.

3. *Les Échos*, 16 décembre 1984.

4. *Progrès et technique*, revue ANRT, n° 3/1984.

5. *Stratégie et technologie*, ADL, Davos, 1981.

6. Michel Bicheron, directeur de TECNOVA : *Exportation de savoir-faire agro-alimentaire ; étude de 12 cas d'entreprises dans 10 pays*, Institut de recherche de l'entreprise (IRE Lyon) et CFCE, mars 1981.

7. Edwards de Bono, *Lateral Thinking, Text Book of Creativity*, Ed. Word Lock Educational, Londres, 1970.

8. Cité par David Ford *in* « University of Bath », Annual Conference of the Strategic Management Society, 1983.

9. *Managing the Flow of Technology*, Thomas J. Allen, The MIT Press, Cambridge, Massachusetts, États-Unis, 1re édition 1977.

10. Gérard Thuilliez, directeur général de McKinsey-Paris, « Changez de technologie lorsque la vôtre prospère », gestion stratégique de la technologie, in *Revue ECP*, 1983, numéro spécial conseil.

11. *Comment relever le défi japonais ?*, groupe de travail Jean de Menton, juillet 1984, Direction de l'information et de la Communication, ministère du Redéploiement industriel et du Commerce extérieur.

12. Bernard Malcor, directeur chez Euréquip, Colloque « Axes 1984 », Paris.

ACHEVÉ D'IMPRIMER
EN BRETAGNE LE 9 MAI 1985
PAR CID ÉDITIONS
A NANTES

DÉPÔT LÉGAL : MAI 1985
N° D'ÉDITEUR : 62